Martin T. Carbon
Harald R. Preyer
Oswald M. Klotz (Hrsg.)

$E=m.k^2$ – Where Dedication Counts

Sachbuch von EUCUSA

Martin T. Carbon
Harald R. Preyer
Oswald M. Klotz (Hrsg.)

E=m.k²

Where Dedication Counts

Sachbuch von EUCUSA

Bibliografische Information Der Deutschen Bibliothek:
Die Deutsche Bibliothek verzeichnet diese Publikation in der Deutschen Nationalbibliografie; detaillierte bibliografische Daten sind im Internet unter http://dnb.ddb.de abrufbar.

E=m.k² – Where Dedication Counts
von Martin T. Carbon und Harald R. Preyer
Herausgeber: Oswald M. Klotz

EUCUSA im Web:
www.eucusa.org
www.eucusa.com

Schutzumschlag und Gesamt-Layout: Eckart Grafik-Design, Wien
Herstellung: Holzhausen Druck + Medien, Wien
2. Auflage 2007

ISBN 3-200-00516-5

$E=m.k^2$

Where Dedication Counts

Was zeichnet wirklich die erfolgreichsten Unternehmen der Welt aus? Was führt zu erlebbarer Kunden- und Mitarbeiterorientierung? Wie können Mitarbeiterengagement und Kundenloyalität auf hohem Niveau gesteigert werden? Diese Fragen konnten wir gemeinsam mit Menschen aus unterschiedlichsten Unternehmen in den vergangenen sieben Jahren diskutieren und teilweise beantworten. Wir haben viel gelernt – aus Fehlern und aus Erfolgen.

Diese Erfahrungen wollen wir in diesem schmalen Büchlein mit unseren Kunden, einer interessierten Öffentlichkeit und unseren Mitbewerbern teilen.

Am meisten freut uns dabei, dass Topmanager namhafter Konzerne wie Bosch, BMW und OBI bereit waren, unserem Herausgeber, dem profilierten Wirtschaftsredakteur Oswald M. Klotz, im Interview auch heikle Fragen zu beantworten. Diese Antworten bilden den Mittelteil des Buches.

Wenn immer mehr Führungskräfte Lust bekommen, stetig an der Steigerung der Zufriedenheit ihrer Mitarbeiter und Kunden zu arbeiten, dann sind wir unserer Vision einen großen Schritt näher gekommen: „Die Welt ein kleines Stück besser zu machen“.

Dieses Buch will ein verlässlicher Begleiter auf Ihrem Weg zur „Leidenschaft für Mitarbeiter- und Kundenorientierung" sein. Wir freuen uns, wenn Sie es immer wieder zur Hand nehmen, um sich Anleitungen, Tipps und Ideen zu holen. Es ist nicht notwendig, dass Sie die gleichen Fehler machen, die wir bereits für Sie gemacht haben.
Wir freuen uns auf den Gedankenaustausch mit Ihnen und stehen gerne – weit über dieses Büchlein hinaus – als Ihre Partner für Potenzialentfaltung zur Verfügung!

Wien/Berlin, im November 2005

Martin T. Carbon **Harald R. Preyer**

INHALTSVERZEICHNIS

EUCUSA

Dürfen wir uns vorstellen?

Wir heißen EUCUSA – Gesellschaft für Mitarbeiter- und Kundenorientierung. Das Akronym steht für EUropean CUstomer Satisfaction Association, also Europäische Vereinigung für Kundenzufriedenheit. Das sagt zu wenig. Unseren Kunden geht es um die Steigerung von Zufriedenheit, Engagement und Loyalität. Wir fragen nicht nur, wir geben auch Antworten. Wir sind ein weltweit agierendes Beratungsunternehmen mit mehr als nur einer Vision.
Visionen erachten wir für besonders wichtig als Antriebsmotor von Unternehmen. Daher investieren wir sehr viel Zeit in unsere eigene Vision, die durch die vier Felder „Zweck, Werte, Bild und Ziele" am besten beschrieben werden kann. Unsere Vision:

„Die Welt ein kleines Stück besser machen!"

EUCUSA-Programme zur Mitarbeiter- und Kundenorientierung wollen die Welt ein Stück besser machen. Das Ziel unserer Klienten ist die nachhaltige Zufriedenheit ihrer Mitarbeiter und Kunden. Zum Dank für den Erfolg unserer Projekte engagieren wir uns auch karitativ. Die oben erwähnten vier Faktoren seien hier kurz erläutert:

1. Zweck – Wir entfalten Potenziale

EUCUSA führt im Auftrag von großen Unternehmungen weltweit Mitarbeiter- und Kundenbefragungen durch. Unsere Klienten erkennen dabei, wie zufrieden ihre internen und externen Kunden sind und was diesen besonders wichtig ist. Im Gegensatz zu vielen Markt- und Meinungsforschern arbeiten wir auch an der Umsetzung dieser Erkenntnisse mit und fördern dadurch Zufriedenheit, Engagement und Loyalität von Menschen. Daraus entstehen Visionen, Strategien und Strukturen, die in Zeiten des raschen Wandels dauerhaften Erfolg begünstigen. Wir sind sowohl ein experten- als auch ein prozessorientiertes Beratungsunternehmen. Jede EUCUSA-Befragung transportiert Wertschätzung statt Belästigung. Das EUCUSA-Modell, das wir Ihnen in diesem Büchlein vorstellen wollen, liefert Antworten für Visionen, Strategien und Strukturen. Unsere Arbeit verbessert die Mitarbeiter- und Kundenorientierung unserer Klienten nachhaltig.

Wir freuen uns, dass unsere Beiträge zum Erfolg unserer Kunden von Wirtschaft und Wissenschaft gleichermaßen geschätzt werden.

2. Werte

Das EUCUSA-Logo zeigt auf den ersten Blick die Sonne. Wir sehen darin die vier Elemente und eines mehr:

LUFT
Die Freiheit, das zu tun, was Sinn macht

FEUER
Unsere Arbeit mit viel Energie, Spaß, Neugier und Erfolg erledigen

ERDE
Nur Leistungen erbringen,
für die wir die Kernkompetenz haben

WASSER
Flexibel genug sein,
um auch Unmögliches möglich zu machen

LIEBE
Alles bewusst, respektvoll und leidenschaftlich tun – oder gar nicht

EUCUSA
Where Dedication Counts

Wir freuen uns, wenn unsere Partner diese Vision mit uns teilen und am gemeinsamen Erfolg spüren und messen können. Wenn unsere Klienten zufrieden sind, dann sind wir es auch. Und dann sollen es auch jene zumindest ein wenig sein, denen es nicht so gut geht wie uns.

3. Bild

EUCUSA greift bei größeren und länderübergreifenden Projekten auf ein Beraternetzwerk für Mitarbeiter- und Kundenorientierung zurück. Die Vernetzung von Partnern mit kompatiblen Werten und klaren Kompetenzprofilen fördert unser kontinuierliches Wachstum. Partnerschaft bedeutet dabei die gemeinsame Verantwortung für die Zufriedenheit unserer Klienten.

4. Ziele

Unser oberstes Ziel ist die Zufriedenheit unserer Klienten, Mitarbeiter und Partner. Wachstum ist für uns ein Prinzip des Lebens. Wir achten deshalb auf unsere stetige Weiterentwicklung. Wie ein Baum, der Jahresringe ansetzt, wollen wir als Team und in unseren Fähigkeiten und Kompetenzen wachsen.

- Wir publizieren unsere Erfahrungen jährlich.
- Wir stellen in öffentlichen Vorträgen unsere Kompetenz für Mitarbeiter- und Kundenorientierung auf den Prüfstand.
- Wir arbeiten weltweit daran, die Wertschätzung der Menschen untereinander zu fördern und zu stärken.

Was ist Zufriedenheit?

In den letzten Jahren hat die Zufriedenheitsforschung große Fortschritte gemacht. Zahlreichen fundierten Studien und Vergleichen haben wir einige grundsätzliche Erkenntnisse zu verdanken. Unbestritten ist, dass die Zufriedenheit der Kunden wesentlich zum Erfolg eines Unternehmens beiträgt. Zum Phänomen Kundenzufriedenheit gibt es nun eine ganze Reihe von Theorien.
Die wichtigsten drei sind:

Die Gerechtigkeitstheorie
sagt, dass der Kunde die investierten Aufwendungen für eine Transaktion dem zu erwartenden Nutzen gegenüberstellt. Fällt sein Urteil positiv aus, ist er zufrieden. Ist die Bilanz negativ, ist er unzufrieden.

Die Erfolgstheorie
geht davon aus, dass die Kunden an Hand sehr unterschiedlicher Kriterien den Erfolg oder Misserfolg eines Kaufs bewerten, und ihre Zufriedenheit dementsprechend ausfällt.

Die Bestätigungstheorie
ist heute weitestgehend anerkannt und soll dementsprechend weiter behandelt werden. Hier steht der Vergleich zwischen Erwartung und Erfüllung im Vordergrund und je nach Übereinstimmung ergibt sich dann der Grad der Zufriedenheit.

Ein Vergleich zwischen Erwartungshaltung und Erfüllung im Kopf führt zu einer Reaktion im Bauch. Diese Emotion bestimmt letztlich das Niveau der Zufriedenheit. Damit wird Zufriedenheit etwas sehr Persönliches.
Sind Erwartung und Wahrnehmung identisch, dann entsteht Zufriedenheit; bei Untererfüllung Unzufriedenheit; bei Übererfüllung Begeisterung. Wiederholte Begeisterungserlebnisse führen aber zu nicht mehr erfüllbaren Erwartungen und damit – hier schließt sich der Kreis – zu Unzufriedenheit. Zufriedenheit ist also das Ergebnis eines Vergleichsprozesses zwischen persönlichen Erwartungen und wahrgenommenen Leistungen. Das gilt sowohl für die Zufriedenheit der Mitarbeiter als auch für die der internen wie externen Kunden.
Da zahlreiche Produkte immer ähnlicher werden, werden Zusatzleistungen und Service immer wichtiger. Wesentliche Faktoren zur Ausbildung der Erwartungshaltung sind hier das individuelle Anspruchsniveau in Kombination mit dem Image und dem Leistungsversprechen des Anbieters, wobei das Wissen um Alternativen eine nicht zu unterschätzende Rolle spielt.
Für die betriebliche Praxis bedeutet das, dass die Erwartungen, sprich: die Anforderungen des Kunden, dem gesamten Unternehmen bekannt sein müssen. Demzufolge ist das Thema Zufriedenheit bereichsübergreifend zu sehen.
Wir unterscheiden vier Arten von Kundenverhalten:

a) Der Nichtmehr-Kunde
ist mit dem Produkt absolut unzufrieden und möchte nicht mehr bei dieser Firma kaufen. Er wird mit hoher Wahrscheinlichkeit zahlreichen potenziellen Kunden von seinen negativen Erfahrungen berichten und von einem Kauf abraten. Die Wahrscheinlichkeit für eine Beschwerde ist eher gering.

b) Der resignierte Kunde
würde gern weiter Kunde bleiben, ist aber vom Angebot enttäuscht. Er wird sich zwar wahrscheinlich nicht beschweren, aber bei einer anderen Firma sein Glück versuchen. Es ist wahrscheinlich, dass er in seinem Freundes- und Bekanntenkreis von seinen Erfahrungen berichtet.

c) Der zufriedene Kunde
ist sowohl mit dem Produkt als auch mit den Leistungen zufrieden. Er wird wieder kommen. Als überzeugter Kunde wird er anderen gerne von seinen positiven Erfahrungen berichten. Er wird an weiteren Produkten aus dem Angebot Interesse zeigen und im Laufe der Zeit unter Umständen sogar auf Preisvergleiche verzichten. Er ist bereit, etwas mehr zu bezahlen, wenn Qualität und Leistung stimmen, und er erkennt, dass ihm stets geholfen wird.

d) Der begeisterte Kunde
ist die Traumvorstellung vieler Unternehmen. Die Gefahr besteht dabei aber darin, dass man große Herzen schenken muss, um kleine zu bekommen.

Die Situation ist da so wie in vielen Familien. Wenn ein Vater von einer Reise zurück kommt und seinen Kindern hin und wieder etwas mitbringt, dann freuen sie sich. Tut er das regelmäßig und versucht dabei stets, das jeweils letzte Geschenk noch zu übertreffen, so wird daraus Gewohnheit, und es heißt nicht mehr: „Hast Du mir vielleicht etwas mitgebracht?", sondern: „Was hast Du mir mitgebracht?" Vergisst er dann einmal auf das Geschenk, fließen die Tränen, die Enttäuschung ist groß. Das nennt man Kinderzufriedenheit oder progressive Kundenzufriedenheit. Begeisterte Kunden tendieren zu sehr ähnlichen Denk- und Verhaltensmustern.

Wenn wir unsere Kunden zu Partnern zu machen verstehen, dann schafft Kundennutzen Zufriedenheit. Der Kunde verlangt eine Lösung für seine Problemstellung. Je genauer der Kundennutzen einer Zielgruppe im Unternehmen bekannt ist, desto besser kann das Produkt die Kundenerwartung befriedigen. Das schafft Zufriedenheit unter den Mitarbeitern. Zufriedene Mitarbeiter sind der Grundstock für zufriedene Kunden. Es kommt nicht zuletzt darauf an, wie man Mitarbeiter definiert, sieht und behandelt.
Denn – Hand aufs Herz – wo gehen wir lieber einkaufen: dort, wo uns das Personal kompetent, zuvorkommend und lächelnd betreut, oder in einem Laden, wo schon auf den ersten Blick die frustrierten Gesichter der Mitarbeiter Bände sprechen?

Mitarbeiter – oder nur Personal?

Blickt man zurück zum Beginn der industriellen Revolution, so ist das vorherrschende Modell des Beschäftigten das einer Maschine. Das Verhalten dieses „Produktionsfaktors“ wird als mechanistisch deterministisch empfunden. Der Produktionsprozess kann analytisch zerlegt werden, die Tätigkeiten des Menschen müssen sich möglichst an den Takt anpassen. Die damit verbundene Arbeitsteilung und Spezialisierung führt zu erstaunlichen Produktivitätszuwächsen. So beschreibt SMITH im Jahr 1776, wie es durch eine Anpassung der Organisationsform möglich wurde, die Stecknadelproduktion bei gleicher Mitarbeiterzahl von zehn auf 48.000 pro Tag zu steigern.

TAYLOR (1912, 1947) wurde mit seinem „Scientific Management“ berühmt, da es ihm gelang, die Prozesse in den Unternehmen ingenieurwissenschaftlich zu optimieren. Sobald die Prozesse optimiert sind, wird nach diesem „Maschinen-Modell“ die Produktivität auf konstantem Niveau gehalten. Zuverlässigkeit und der damit verbundene unbedingte Gehorsam sind eine Grundphilosophie der Herangehensweise. Kreativität ist lediglich in planenden Abteilungen gefordert, auf der Produktionsseite stört sie nur.

HENRY FORD gelang es, durch die Arbeitsorganisation in Verbindung mit einer technischen Innovation – dem Fließband – seine Produktion um rund 50 Prozent zu steigern (siehe O'BRIEN 1970). Auch wenn sein System den Nachteil hatte, dass sich der Kunde „jede Wagenfarbe aus dem Regen-

bogen" aussuchen konnte, „solange sie schwarz war" (Zitat von Henry Ford), wurde die damals maßgebliche Kundenforderung „niedriger Preis" erfüllt.
Die Organisationslehre entwarf entsprechende Modelle für die Unternehmen. Weber (1922) sah in der bürokratischen Organisation mit Disziplin, Ordnung, Planung, Hierarchie, funktioneller Klarheit, Spezialisierung, und einem unpersönlich sachlichen Management die allgemein beste Organisationsform.
Es wäre jedoch nicht korrekt, zu behaupten, dass es zu jener Zeit nur dieses eine Mitarbeitermodell gab. Lang und Hellpach (1922) entwarfen das Konzept der Gruppenfabrikation (vgl. auch Lang 1919). Sehr detailliert beschreiben sie eine neue Form der Arbeitsorganisation für die Daimler-Motoren-Gesellschaft, dem Vorläufer der heutigen Daimler-Chrysler AG. „Es werden, fußend auf der Aufbauart der kleinen mechanischen Werkstätte, Fabrikationsgruppen gebildet, die sich aus allen Arten von Werkzeugmaschinen zusammensetzen und außer Maschinenarbeitern noch Schlosser und andere Arbeiter umfassen. Die Fabrikationsaufgabe einer solchen Gruppe ist die Fertigbearbeitung einer gewissen Anzahl verschiedener zusammengehöriger Teile, die miteinander einen in sich abgeschlossenen wesentlichen Bestandteil des Gesamterzeugnisses bilden. Eine solche Fabrikationsgruppe ist in sich geschlossen und von anderen Bearbeitungsabteilungen unabhängig, lässt also auch hinsichtlich des Ortes für ihre Unterbringung großen Spielraum. Der Transport der Einzelteile spielt sich auf dem denkbar kürzesten Weg innerhalb der Gruppe selbst ab. Nur die Rohteile fließen von ihren Magazinen aus zu, um sie erst völlig bearbeitet und zusammengebaut wieder zu verlassen."
Ziel der organisatorischen Veränderung war die Effizienzsteigerung der Produktionsabläufe. Humanitäre Verbesse-

rungen standen im Hintergrund der Betrachtung. Es gehört durchaus zur Seelenkunde dieses Versuches, dass Herr LANG nicht von Arbeiterbeglückungsprojekten ausgegangen ist. Sein Leitmotiv war ein betriebstechnisches. Den aufgezeigten Vorteilen stand als Nachteil ein erhöhter Maschinenbedarf und damit eine geringere Auslastung der Produktionsmittel gegenüber, was schließlich auch zur Verwerfung dieses Ansatzes führte. Das Maschinen-Modell hatte sich als das stärkere durchgesetzt.

Der Produktionsfaktor Mensch taucht in der Literatur erst wieder im Jahr 1927 verstärkt auf. In den Hawthorne-Werken der Western Electric Company werden in diesem Jahr wissenschaftliche Studien von E. MAYO durchgeführt. Er untersucht den Zusammenhang zwischen Arbeitsplatzbeleuchtung und Arbeitsleistung. Es zeigt sich, dass eine Verbesserung der Beleuchtung mit signifikanten Produktivitätserhöhungen verbunden ist. Unverständlich wird es für ihn, als sich auch mit der Reduktion der Beleuchtung eine Steigerung der Produktivität erreichen lässt und nun auch die Kontrollgruppen deutlich besser arbeiten.

Der als „Hawthorne-Effekt" in die Literatur eingegangene Befund zeigt den Forschern, dass neben den physischen Arbeitsbedingungen, auch das den Arbeitern entgegengebrachte Interesse produktivitätsentscheidend ist. Der Grundstein für die „Human-Relations-Bewegung" ist gelegt.

Neben den materiellen Dingen geht es Arbeitnehmern offensichtlich auch um viele weiche Faktoren wie z.B. Betriebsklima, Respekt, Lob und Anerkennung. Weiterhin wird erkannt, dass es neben den Beziehungen, die auf einem Organigramm abgebildet sind, viele informelle Strukturen gibt. Die „Human Side of Enterprise" (MCGREGOR 1960) ist entdeckt.

Mitbestimmung ist damit jedoch nicht zwingend verbunden. In vielen Unternehmen herrscht die Überzeugung,

dass ein guter Patriarch seine Mitarbeiter so führt, dass für alle das Beste erreicht wird. In diesem Zusammenhang wird auch oft vom Kind-Modell des Arbeitnehmers gesprochen.
Parallel dazu entstehen in den USA, insbesondere bei größeren militärischen Vorhaben während des Zweiten Weltkrieges, immer häufiger Projektteams. Die steigende Komplexität von Aufgaben, welche interdisziplinäre Lösungsansätze erfordern, sind die treibende Kraft. Auf Grund der positiven Erfahrungen wurden Projektteams auch bei den hochkomplexen NASA-Projekten mit großem Erfolg eingesetzt.
In England und Japan beginnt in den 50er Jahren die Einführung von teilautonomen Gruppenarbeitsformen. In englischen Bergwerken wurde unter der wissenschaftlichen Begleitung des Londoner Tavistock-Instituts diese neue Form der Arbeitsorganisation realisiert, in Japan war Toyota der Vorreiter. Hier zeigt sich eine entscheidende Stärke in Bezug auf die kontinuierliche Verbesserung von Prozessen. Systematisch wird über Störungen und deren Ursachen diskutiert, Lösungen werden unmittelbar umgesetzt.
Mit MASLOWS Bedürfnispyramide (1954) finden „Motive" und der Begriff der „Selbstverwirklichung" Einzug in die Managementsprache. Es wird offensichtlich nicht ausschließlich für den Lebensunterhalt gearbeitet. Die Menschen wollen sich auch in ihrem Arbeitsleben bewähren und verwirklichen. Trotz der Bekanntheit dieser Theorie gibt es erstaunlicherweise noch heute viele Unternehmen, die im betrieblichen Alltag weiterhin das Maschinen-Modell oder das Kind-Modell leben.
Im Laufe der Entwicklung nehmen immer mehr Unternehmen die Herausforderung an und beginnen, Entscheidungskompetenz und Gestaltungsspielraum in die operative Ebene zu verlagern. Besonders deutlich wird dies

in den schwedischen Automobilwerken, in denen in den 70er Jahren ein ausgeprägter Arbeitskräftemangel herrschte. Volvo setzte daher bewusst auf die Attraktivität von Gruppenarbeit, um für die Fertigungsstätten Kalmar und Uddevalla das notwendige Arbeitskräftepotenzial aufbauen zu können. THURESSON (1995) berichtet: „In den 70er und 80er Jahren wurde viel Engagement in die Verbesserungen der Arbeitsbedingungen gesteckt, und gelegentlich kam die Meinung auf, dass es einen Konflikt zwischen Humanisierung der Arbeit und Wirtschaftlichkeit geben müsse. Aber das Gegenteil ist wahr, beides geht Hand in Hand. Vorausgesetzt, es wird folgendes erkannt: Mitarbeiter sind keine Ressource, sondern sie besitzen Ressourcen, die Führungskräfte lernen müssen, zu erschließen." Bei EUCUSA nennen wir dies heute „Potenzialentfaltung".

In Deutschland wurde Anfang der 70er Jahre die Einführung neuer Arbeitsstrukturen insbesondere als Maßnahme zur „Humanisierung des Arbeitslebens (HdA)" gesehen. In dem gleichlautenden Forschungs- und Förderprogramm der Bundesregierung werden ab 1974 unter arbeitswissenschaftlicher Begleitung neue Konzepte in verschiedenen Firmen eingeführt. Auch nach ersten Erfolgen kann die Skepsis im Management jedoch nicht vollständig abgebaut werden.

Erst nach der Veröffentlichung der deutschen Übersetzung des Buches „The Machine that Changed the World" von WOMACK ET AL. (1990, 1991) beginnt in Deutschland die branchenübergreifende Einführung verschiedener Formen von Gruppenarbeit und die intensive Nutzung des Humankapitals. In o.g. Buch werden die Ergebnisse der vom MIT durchgeführten weltweiten Untersuchung zur Leistungsfähigkeit von Automobilfabriken dargestellt. Es werden erhebliche Leistungsdefizite, insbesondere der europäischen Automobilindustrie gegenüber japanischen Unternehmen, identifiziert. Eine der Hauptursachen für diesen Leistungsunterschied sehen WOMACK, ROOS und JONES in der unterschiedlichen Organisationsform. Während in Japan überwiegend in Kleingruppen gearbeitet wird, wurde zum Zeitpunkt der Untersuchung in Europa fast ausschließlich qualifizierte Einzelarbeit praktiziert.

In vielen Unternehmen wird heute der Beschäftigte als Mit-Arbeiter, als Partner gesehen. In einigen Firmen hat sich sogar der Mitarbeiter zum Mitunternehmer entwickelt. Bei all diesen Konzepten ist aber stets zu berücksichtigen, dass auch die damit verbundenen Konsequenzen mitbedacht werden müssen. Wenn man den Mitarbeiter wirklich als Mitunternehmer verstehen will, darf er nicht nur die Erfolge teilen, sondern muss auch in schwierigen Zeiten den Gürtel enger schnallen können. Außerdem sind ihm auch alle notwendigen Kompetenzen zu übertragen – für viele Unternehmer ein schwieriger Schritt.

Tatsache ist, dass Mitarbeiter heute ganz andere Einstellungen, Träume und Lebensziele haben als noch vor 50 oder 100 Jahren. Die Evolution des Wertewandels vollzieht sich stetig und unaufhaltsam. Auch wenn es leicht fällt, darüber zu sinnieren, „dass früher alles besser war". Interessant ist, dass gerade jene Führungskräfte und Unternehmen besonders erfolgreich sind, die ihr Ohr besonders eng am Mitarbeiter haben und ihn nicht nur als Arbeitskraft, sondern auch als Menschen ernst nehmen. Daher ist eine gut inszenierte Mitarbeiterbefragung ein wesentlicher Beitrag zu langfristigem Erfolg.

Gerade in Krisenzeiten zeigt sich die Ernsthaftigkeit der propagierten Unternehmenswerte. RUDI KRCMA, ehemaliger Unternehmensentwickler bei Hewlett Packard, benutzt zur Verdeutlichung das Bild des Ankers. Es ist leicht, in Boomzeiten z.B. Kunden- und Mitarbeiterorientierung zu propagieren. In solchen Zeiten kann sich jeder einen gewissen

Luxus leisten. Wie stark die Werte im Unternehmen verankert sind, zeigt sich erst, wenn ein „Sturm“ aufkommt. Wenn das Unternehmen sein Notprogramm fahren muss, bleibt nur das übrig, was ganz besonders fest verankert ist. Häufig werden dann propagierte Werte als Ballast über Bord geworfen. Bei Hewlett Packard ist man besonders stolz, dass die Kundenorientierung mittlerweile im Notprogramm enthalten ist. Hier haben sich laut KRCMA „im Laufe der Jahre die Anker sehr tief eingegraben“.

Lohnt es sich überhaupt, zu fragen?

Bevor eine Mitarbeiterbefragung gestartet wird, sind – wie bei jeder Investition – Sinn, Zweck und Kosten zu klären. Warum führen rund drei Viertel aller größeren Unternehmen derartige Befragungen durch? (Diese Zahl gilt für Österreich und Deutschland ebenso wie für die USA.)

Wie Teufelskreise zu Engelsspiralen werden

Nach wie vor wird in der Wirtschaft die Frage diskutiert, ob zufriedene Mitarbeiter auch gute Mitarbeiter sind. Die Meinungen darüber gehen so weit auseinander, wie es unterschiedliche Wirtschaftszweige, Unternehmen und Chefs gibt.

Eine Fraktion setzt Zufriedenheit mit Selbstzufriedenheit gleich und ist davon überzeugt, dass ein zufriedener Mitarbeiter letztendlich ein fauler Mitarbeiter sei oder bald wird. Er bekomme ja alles, was er brauche, kein Leidensdruck treibe ihn zu Höchstleistungen an, sagen sie.

Wir beziehen in diesem Punkt eine entgegengesetzte Position. Da wir uns nicht nur mit der Zufriedenheit von Mitarbeitern, sondern auch mit der von Kunden auseinandersetzen, können wir nachweisen, dass diese beiden Faktoren sehr eng zusammenhängen.

Am besten lässt sich dieser Zusammenhang durch die so genannte Engelsspirale verdeutlichen. Stellen Sie sich vor, Sie arbeiten in einem Unternehmen, das genau jene Arbeitsmittel bereitstellt und jenes Klima hat, das Sie sich wünschen. Ihr Können und Wissen werden gebraucht und Sie bekommen auch regelmäßig Rückmeldungen über Ihre Leistung. So wird sich bei Ihnen wahrscheinlich ein hoher Grad an Zufriedenheit einstellen. Dies führt in der Regel dazu, dass Sie sich motiviert mit Ihrer Aufgabe auseinandersetzen und sehr positiv auf die Kunden zugehen. Diese wiederum merken das – schließlich haben sie es mit einer Person zu tun, die vom eigenen Produkt überzeugt ist und spürbar Zufriedenheit ausstrahlt. Die Kunden werden Sie dafür lieben. Sie werden gerne kaufen, mehr kaufen und Sie bzw. Ihre Firma aktiv weiter empfehlen. In der Folge entwickelt sich der Umsatz Ihrer Firma positiv, und weil Sie die Kunden als Partner behandeln, stimmt auch der Gewinn.

Dies freut wiederum nicht nur Sie selbst, sondern insbesondere die Geschäftsführung und den Inhaber/Aktionär – schließlich verzinst sich das eingesetzte Kapital. Diese Freude wird gerne mit Ihnen geteilt. Sie bekommen positives Feedback, die Motivationslage bleibt stabil und die Arbeitsabläufe werden weiter optimiert. Auch die Kunden werden Ihnen positive Rückmeldungen geben, was Ihre Zufriedenheit auf dem bereits hohen Niveau hält. Kritische Situationen, die im alltäglichen Geschäftsverkehr schon einmal vorkommen, werden partnerschaftlich geregelt. Natürlich werden Sie nie mit allem – also mit jeder Kleinigkeit – zufrieden sein. Aber letztendlich motiviert Sie das, weitere Verbesserungen anzustreben.

Kunden- und Mitarbeiterzufriedenheit sind also äußerst eng miteinander verzahnt und unterstützen sich gegenseitig. Das ist nicht nur unsere Wahrnehmung, sondern das zeigen auch zahlreiche Forschungsergebnisse (siehe z.B. BEHRMANN, PERREAULT 1984, BROWN, PETERSON 1993 oder GRUND 1998).

Der Zusammenhang ist in der umseitigen Abbildung 1 dargestellt:

Abbildung 1: Auswirkungen gesteigerter Zufriedenheit

Problematisch ist jedoch der umgekehrte Fall und der damit verbundene Teufelskreis. Fehlende Motivation bei den Mitarbeitern führt zur Unzufriedenheit bei den Kunden, und die führt wiederum zur Demotivation der Mitarbeiter. Eine solche Abwärtsbewegung kann nur durch gezielte Maßnahmen im Bereich der Organisationsentwicklung durchbrochen werden. Impulse von außen durch Einbeziehen der externen Sicht unterstützen den nötigen Umschwung. Lust, Freude, Spaß, Wertschätzung und Kreativität sind die besten Voraussetzungen, um Teufelskreise in Engelsspiralen zu verwandeln.

Geht es nur um Zufriedenheit?

Oft werden Mitarbeiterbefragungen als reine Zufriedenheitsbefragungen gesehen. Deshalb fällt dann eine solche Aktion in schlechten Zeiten gerne dem Rechenstift zum Opfer. Es geht um weit mehr als nur um die Zufriedenheit. Mit einer gut inszenierten Mitarbeiterbefragung wird der Dialog zwischen Mitarbeitern und Top-Management aufrecht erhalten, und das bedeutet einen enormen Zugewinn.
Aktuelle Themen können durchaus von allen Mitarbeitern beurteilt werden. Das Management wird dadurch in die Lage versetzt, sich ein Gesamtbild von der Stimmung im Unternehmen zu machen. Darüber hinaus trägt ein unternehmensinternes oder sogar unternehmensübergreifendes Benchmarking dazu bei, dass Lernpotenziale freigesetzt werden.
Voraussetzung dafür ist der ehrliche Wille zum gegenseitigen Lernen. Das bedeutet gleichzeitig, dass die besten Ergebnisse veröffentlicht und die schlechtesten Ergebnisse – die mit dem größten Verbesserungspotenzial – nicht an den Pranger gestellt werden. Das bedeutet gerade für die Ergebnisdarstellung eine besondere Herausforderung, die im EUCUSA-Modell entsprechend Berücksichtigung findet.

Wer hat Angst vor Transparenz?

Ein weit verbreiteter Grund, keine Mitarbeiterbefragung ins Leben zu rufen, ist die Angst vor Klarheit. Unausgesprochenes wird transparent, das Bauchgefühl manifestiert sich in Ergebnisberichten. Manchen Führungskräften kann Transparenz durchaus Angst machen. Anderen Managern ist gerade das möglicherweise schlechte Abschneiden eine willkommene Herausforderung. Jedenfalls bewirkt Klarheit über die Zufriedenheit im Unternehmen eine emotionale Auseinandersetzung.

Die Beschäftigung mit dem Mitarbeiter-Votum schafft Entscheidungssicherheit für bevorstehende Weichenstellungen. Der Reiz am Instrument besteht darin, dass es nicht nur der Führung, sondern auch allen Mitarbeitern klar wird, warum Veränderungsprozesse in die Wege geleitet werden. Durch geeignete Umsetzungsbegleitung gelingt es, motivierten Mitarbeitern und Führungskräften weiterhin ein attraktiver Arbeitgeber zu sein und den weniger glücklichen Mitarbeitern neue Perspektiven zu eröffnen. Durch Klarheit entsteht ein Impuls, der Veränderungsprozesse in Schwung bringt und in Schwung hält.

Der leidige Kostenfaktor

Mitarbeiterbefragungen sind nicht gratis durchführbar (und sollten sie gratis sein, dann taugen sie nichts). Es laufen also Kosten auf. Diese gliedern sich grundsätzlich in mehrere große Blöcke: in die externen und die internen Befragungskosten sowie die Ergebnisrückmeldung. In vielen Fällen muss man dann auch noch die Kosten für die Umsetzung von notwendigen Maßnahmen dazu rechnen.

Die externen Befragungskosten

Die externen Befragungskosten haben in der Regel einen Fixkostenblock, der durch die Durchführung des Ziel- und Planungsworkshops, das Design des Fragebogens, das Errichten der Datenbank für die Auswertungen sowie das Projektmanagement entsteht. Für diese Aufwendungen muss man je nach Komplexität des Projekts mit fünf bis fünfzehn Menschtagen rechnen.
Wird eine Befragung in mehreren Ländern und damit in verschiedenen Sprachen durchgeführt, entsteht hier ein spezieller Aufwand für Übersetzung der Fragebögen, Kommentare und Ergebnisberichte sowie durch erhöhte Koordination.

Die variablen Kosten entstehen für Druck und Versand der Fragebögen und/oder Adaptierung der Onlinebefragung, die Rücksendelogistik und das Erfassen bzw. Scannen der ausgefüllten Fragebögen.
Werden die gesamten externen Befragungskosten auf die Anzahl der Mitarbeiter umgelegt, ergibt sich eine stark degressive Kostenentwicklung bei zunehmender Mitarbeiteranzahl. In großen Unternehmen sind Werte von zehn Euro pro Mitarbeiter zu erreichen. Bei geeigneter Inszenierung stehen diesen geringen Kosten enorme Produktivitätssteigerungen gegenüber.

Die internen Befragungskosten

Interne Kosten entstehen einerseits durch den Zeitaufwand des einzusetzenden Projekt-Teams, wir nennen es „Zufriedenheits-Team“, das im Ziel- und Planungsworkshop das Projekt unterstützt, während der Befragung die Aktion promotet und als erste Instanz die Ergebnisse sichtet. Eine schriftliche Befragung hat gegenüber einer elektronischen den Vorteil, dass der Fragebogen auch in der Freizeit ausgefüllt wird. Viele Mitarbeiter nehmen den Fragebogen mit nach Hause, um ganz in Ruhe über die eigene Befindlichkeit nachzudenken. Teilweise werden sogar die Lebenspartner einbezogen, was im Sinne des Unternehmensmarketings durchaus als Vorteil angesehen werden kann.
Weitere Zeitinvestitionen entstehen beim Projektkoordinator und in Bereichen wie der Unternehmenskommunikation, die bei Mitarbeiterbefragungen stark gefordert ist.

Die Ergebnisrückmeldung

Die Ergebnisrückmeldung erfordert weitere Aufwendungen. Der Transport der Gesamtergebnisse in Form eines Statements in einer Mitarbeiterzeitung oder als Rundschreiben

ist verhältnismäßig kostengünstig zu bewerkstelligen. Werden jedoch nicht nur Gesamtergebnisse, sondern auch abteilungs- oder gruppenspezifische Berichte erstellt, so erhöhen sich die externen Kosten durch Herstellung von spezifischen Detailberichten.
In vielen Fällen werden die Ergebnisse in Veranstaltungen mit Workshop-Charakter den Organisationseinheiten zurückgemeldet, was zusätzliche Präsentations- und/oder Moderationskosten sowie die Arbeitszeit der Mitarbeiter erfordert. Bei guter Inszenierung wird in solchen Veranstaltungen durch Erhöhung des Wir-Gefühls bereits ein Mehrwert geschaffen, der die Aufwendungen bei Weitem überschreitet.

Die Umsetzung

Erzeugen die Präsentation und die Aufarbeitung der Ergebnisse in konkrete Maßnahmenableitung noch hohe Begeisterung, so verebbt diese Energie sehr rasch durch die Herausforderungen des Alltags. Vereinbarte Maßnahmen werden vor sich her geschoben, bis sie scheinbar in Vergessenheit geraten. Bei der nächsten Mitarbeiterbefragung rächen sich diese Unterlassungen dann.
Deshalb empfehlen wir, vereinbarte Maßnahmen durch einen Kontrollmechanismus sicherzustellen. Eine wirksame und kostengünstige Möglichkeit ist das Umsetzungs-Audit. In regelmäßigen Abständen informiert sich ein Externer über die Umsetzungserfolge im Unternehmen. Die ständige Rückmeldung des neutralen Externen, wo es in der Organisation Erfolge gibt, und wo sich die Umsetzung spießt, erzeugt sowohl den notwendigen Leidensdruck, als auch die Motivation, Spitzenleistungen erbringen zu wollen.

Warum eigentlich Mitarbeiter befragen?

Unter dem Begriff Mitarbeiterbefragung werden häufig sehr unterschiedliche Dinge verstanden. Daher soll im vorliegenden Kapitel der Versuch einer Klassifizierung von Befragungen unternommen werden.
Borg (2000) unterscheidet generell fünf verschiedene Typen und liefert gleich eine Tabelle der wesentlichen Merkmale:

Typ	Zweck	Methode	Einbettung
Meinungsumfrage	Verstehen, wie die Mitarbeiter die Dinge sehen	Interviews, Fokusgruppen, Stichproben-umfragen	„Erst mal sehen"
Benchmarking-Umfrage	Weiche Faktoren messen, um die relative Position und Trends zu sehen	Umfrage an repräsentativer Stichprobe	Regelmäßige Wiederholung zu festen Terminen
Klimabefragung mit Rück-spiegelung	Klima und Zu-friedenheit ver-bessern, Schwach-stellen „vor Ort" beseitigen	Vollbefragung der Basis mit nachfolgenden Workshops	Einzelaktion
Auftau- und Einbindungs-management-Programm (AEMP)	Leistung und Zufriedenheit erhöhen unter Einbindung aller Mitarbeiter	Vollbefragung aller Mitarbeiter aller Ebenen, inte-grierte Vorlauf- und Folgeprozesse	Zyklisches Verbesserungs- und Veränderungs-programm
Systematische MAB	Führen mit Kennzahlen	Wie AEMP, aber inhaltlich und zeitlich verzahnt mit anderen Systemen	Integraler Bestandteil der Systeme

Tabelle 1: Die fünf Haupttypen von Mitarbeiterbefragungen (nach Borg 2000)

Unabhängig davon, ob man dieser oder einer anderen Klassifizierung folgt, bleibt festzuhalten, dass mit einer Mitarbeiterbefragung sehr unterschiedliche Zwecke erfüllt werden können. Nach vielen Gesprächen mit Unternehmenslenkern, sehen wir heute unterschiedliche Intentionen, die mit einer Mitarbeiterbefragung verknüpft werden. Bemerkenswert ist, dass sich die Intentionen beliebig kombinieren lassen, und die besonders erfolgreichen Projekte meist mehrere additive Ziele verfolgen.

Das Qualitätsmanagement

Betrachtet man das EFQM-Modell in seiner aktuellen Fassung (siehe untenstehende Abbildung 2), so zeigt sich, dass mit einer Mitarbeiterbefragung ein großer Prozentsatz der vorliegenden neun Dimensionen abgebildet werden kann.

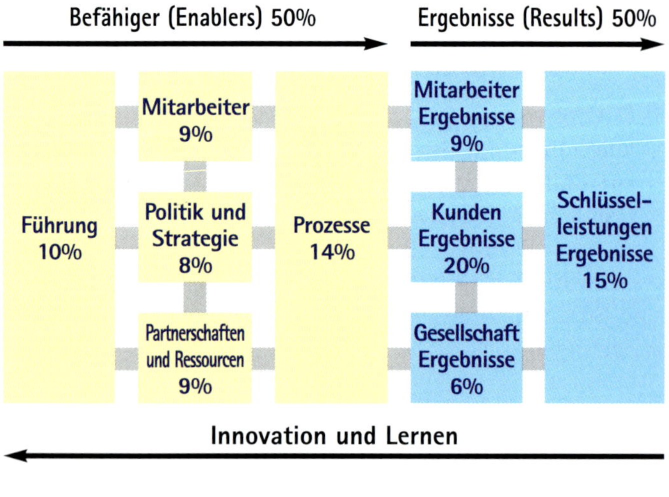

Abbildung 2: Das EFQM-Modell

Die Befähiger-Kriterien

Ergebnisse können nur durch geeignete Prozesse erzielt werden. Daher fließen in die Bewertung einer Organisation zur Hälfte Befähiger-Kriterien ein. Sie bilden die Vorgehensweisen, Vorgänge und Prozesse ab. Generell steht bei den Befähiger-Kriterien das WIE im Vordergrund, bei den Ergebniskriterien das WAS.

Führung

Dieses Kriterium beschreibt, wie die Vision der Organisation durch die Führung erarbeitet, verbreitet und vorgelebt wird. Die Verbesserung des Managementsystems ist ein zweiter wesentlicher Punkt der Führung. Hier wird auch beschrieben, wie sie sich um Kunden, Partner und gesellschaftliche Vertreter bemüht und ihre Mitarbeiter unterstützt, motiviert und deren Leistungen anerkennt. Fragen zur Führung sind in Mitarbeiterbefragungen häufig vertreten.

Politik und Strategie

Hier wird beschrieben, wie sich die Bedürfnisse der Interessengruppen in Politik und Strategie wiederfinden. Die Kommunikation und die Einführung von Politik und Strategie sind hier genauso wesentlich wie deren Überprüfung und Aktualisierung. In einer Mitarbeiterbefragung kann entsprechend abgefragt werden, ob und inwieweit Politik und Strategie in der Belegschaft bekannt sind und von ihr mitgetragen werden.

Mitarbeiter

In dieser Rubrik wird beschrieben, wie weit sich die Organisation auf die Eigenständigkeit ihrer Mitarbeiter eingelassen hat und sich deren Wissen und Fähigkeiten zunutze macht. Dazu gehören neben der Planung der Mitarbeiterressourcen auch deren Förderung und Weiterbildung sowie Belohnung, Anerkennung und Betreuung. Nach Meinung der EFQM ist ein Unternehmen besonders entwickelt, wenn es auf Teamstrukturen und eigenverantwortliches Handeln der Mitarbeiter setzt. In Mitarbeiterbefragungen wird häufig abgefragt, wie eigenständig Arbeiten erledigt werden können, ob das eigene Wissen und Können gefordert ist und wie stark der Teamgeist ausgeprägt ist.

Ressourcen und Partnerschaften

Der Umgang mit den unterschiedlichen Ressourcen der Organisation steht hier im Vordergrund. Zu diesen gehören z.B. Finanzen, Gebäude, Material, Technologie und Wissen sowie Informationen. Externe Partner leisten wesentliche Beiträge zum Unternehmenserfolg, sei es als Lieferant, als Kooperationspartner, als Lizenznehmer und in anderen Rollen. Bewertet wird, wie die Organisation diese Ressourcen managt. Als Fragestellung bietet sich bei einer Mitarbeiterbefragung durchaus eine Einschätzung über den Umgang mit Ressourcen aller Art an.

Prozesse

Die systematische Gestaltung der Prozesse und ihre jeweilige Verbesserung fließen in die Bewertung ein. Die Prozessgestaltung muss die Verlängerung der Politik und Strategie darstellen, damit die Kunden und andere Interessengruppen zufrieden gestellt werden können und die Wertschöpfung für diese gesteigert wird. Dazu gehört die Berücksichtigung der Bedürfnisse und Erwartungen der Kunden bei der Planung, Entwicklung, Herstellung und Lieferung der Produkte und Dienstleistungen, sowie bei der Kundenbetreuung. Die Prozessgüte sowie die Maßnahmen zur kontinuierlichen Verbesserung können in einer Mitarbeiterbefragung hervorragend in Erfahrung gebracht werden.

Die Ergebniskriterien

Im EFQM-Modell wird nicht nur die finanzielle Entwicklung der Organisation bei den Ergebnissen beurteilt. Es gilt, alle gesteckten Zielvorgaben zu erreichen. Entsprechend wird das Verhalten der Organisation gegenüber Mitarbeitern, Kunden und der Gesellschaft bewertet.

Kundenbezogene Ergebnisse

Unter den kundenbezogenen Ergebnissen wird insbesondere verstanden, wie hoch die Zufriedenheit der Kunden ist, und wie loyal sie dem Unternehmen gegenüber sind. Das einzelne Produkt bzw. die Dienstleistung selbst rückt hier ein wenig in den Hintergrund. Im Rahmen einer Mitarbeiterbefragung kann die vermutete Kundenzufriedenheit abgefragt werden, die an den realen Ergebnissen gespiegelt werden kann.
EUCUSA-Kundenbefragungen fördern die Erfüllung der Anforderungen der EFQM an dieses Kriterium.

Mitarbeiterbezogene Ergebnisse

Kundenzufriedenheit wird erheblich durch das Verhalten der Mitarbeiter beeinflusst. Besonders in Dienstleistungsunternehmen entsteht ein enger, teilweise sogar vertraulicher Kontakt zwischen Kunden und Mitarbeitern. Die Zufriedenheit der Mitarbeiter ist schon aus diesem Grund ein wichtiges Erfolgskriterium. Im Rahmen einer Mitarbeiterbefragung kann ein detailliertes Bild über die Zufriedenheit im Unternehmen mit allen Stärken und Verbesserungsbereichen erhoben werden.

Gesellschaftsbezogene Ergebnisse

Organisationen sind generell der moralischen und ethischen Bewertung der Gesellschaft unterworfen. Die Bedeutung dieser Bewertung ist in den vergangenen Jahren stärker geworden, und es wird vermutet, dass ihr Stellenwert weiter wächst. Bewertet wird, was die Organisation in Bezug auf die Gesellschaft leistet, und wie dies kommuniziert wird. Im Rahmen einer Mitarbeiterbefragung kann abgefragt werden, ob sich die Belegschaft mit den Werten identifizieren kann, und wie der Ruf der Organisation ist.

Schlüsselergebnisse

Ein gutes finanzielles Ergebnis ist in der Regel das Oberziel, das eine Organisation anstrebt. Nur dadurch sind Erhaltung der Arbeitsplätze und Zukunftsinvestitionen finanzierbar. Bewertet werden die erreichten Ergebnisse und die Indikatoren, die zu den Ergebnissen geführt haben.

Zusammenfassung

Aus der Kriterienbeschreibung des EFQM-Modells wird deutlich, dass Mitarbeiter- und Kundenbefragungen entscheidende Beiträge zur Überprüfung der Qualitätsmerkmale bieten können. Aus diesem Grund fungiert oft das Qualitätsmanagement als Initiator solcher Befragungen. Dabei wird ab und zu übersehen, dass eine Messung alleine nicht zum Erfolg führt. Erst die Ergebniskommunikation einer Befragung an die Befragten und die Aufarbeitung der Handlungsfelder bewirken messbare Effekte.

Das Qualitätsmanagement kann also Initiator und Koordinator einer Mitarbeiterbefragung sein. Ein Projekt ohne Einbindung anderer Bereiche ist jedoch zum Scheitern verurteilt. Deshalb sollte im Vorfeld bereits die Rollenklärung stattfinden, wer Auftraggeber, interner Projektleiter und einzubindende Bereiche sind.

Balanced Scorecard

„*You can't manage what you can't measure*", das ist einer der bekanntesten Sätze von PETER DRUCKER. Auf Grund des hohen Wirkungsgehaltes des Ausspruchs werden in Unternehmen zunehmend umfangreiche Kennzahlensysteme gepflegt. Der Balanced Scorecard (BSC) Ansatz (vgl. KAPLAN, NORTON 1997) ist die aktuelle Ausprägung, die weite Verbreitung gefunden hat.
Die Balanced Scorecard soll die Mängel klassischer Kennzahlensysteme beseitigen und eine umfassende, an der Unternehmensstrategie orientierte Steuerung ermöglichen. Dabei stehen folgende vier Absichten im Vordergrund:

- Klärung und Übersetzung von Vision und Strategie in konkrete Aktionen,
- Kommunizieren und Verbinden strategischer Ziele mit Maßnahmen,
- Pläne aufstellen, Vorgaben formulieren und Initiativen abstimmen,
- Verbessern des Feedbacks und des Lernens.

Fallstudien zeigen, „dass das Konzept bestechend schlüssig, logisch und einfach ist, die Kunst aber in einer gelungenen Implementierung liegt." (FINK, GRUNDLER 1998). Wie so vieles ist Implementierung der BSC eine klassische Projektauf-

gabe, die viel zu selten mit professioneller Unterstützung durchgeführt wird. Das Ergebnis ist dann nichts weiter als ein neues Kennzahlensystem, das häufiger aktualisiert wird. Die Zufriedenheit der Mitarbeiter und Kunden ist eine wichtige Größe, die in keinem Kennzahlensystem fehlen sollte. Schließlich ist dies ein Indikator für die Zukunftsfähigkeit des Unternehmens. Problematisch ist dabei, dass mit jeder Messung in der Regel auch eine Erwartung beim Befragten geweckt wird. Daher macht es wenig Sinn, Mitarbeiter immer wieder mit Fragebögen zu konfrontieren, aber die erkennbar notwendigen Verbesserungen nicht durchzuführen.
Wir verfolgen in großen Organisationen die Strategie, durch kurzgehaltene Online-Befragungen einer repräsentativen Gruppe die gewünschten Stimmungsbilder und Einschätzungen einzufangen. Dies ist eine hervorragende Ergänzung einer systematischen und umfassenden Mitarbeiterbefragung. Ein Ersatz ist es nicht, da sich hier keine strategischen Ableitungen treffen lassen.

Strategische Personalentwicklung

Die meisten Befragungen werden im Bereich der Personalentwicklung konzipiert. Schließlich werden hier die Strategien geboren, die eine systematische Entwicklung der Mitarbeiter gewährleisten sollen. Der Fokus der Personalentwicklung gilt den Hauptthemen:

- berufliche Entwicklung,
- Entlohnung und
- Führung.

Diese Fokussierung eröffnen jedoch zwei Problemfelder, auf die näher eingegangen werden soll.

Wecken von Erwartungen

Auf Grund der Spezialisierung der Befragung möchten Fachabteilungen in der Regel sehr stark in die Tiefe gehen. In Befragungen werden dann durch offene Fragen Erwartungen geweckt, die so gar nicht gewünscht sind. So erweckt bereits die Frage „Welches Angebot an Weiterbildung wünschen Sie sich?" beim Befragten den Eindruck, dass durch die ehrliche Beantwortung ein entsprechendes Angebot geschaffen wird.

Das Thema der individuellen Weiterentwicklung von Mitarbeitern ist für eine anonyme Mitarbeiterbefragung daher nicht geeignet. Es sollte vielmehr im regelmäßigen Entwicklungsgespräch thematisiert werden. Hier kann individuell auf die Wünsche eingegangen werden, und es können auch Grenzen deutlich gemacht werden. In vielen erfolgreichen Unternehmen werden kurze, regelmäßige Entwicklungsgespräche geführt. Die erfolgreichsten Manager führen sie einmal pro Quartal.

Das unerwünschte Wecken von Erwartungen zeigt, wie sinnvoll es ist, erfahrene Befragungsexperten in eine Mitarbeiterbefragung einzubeziehen. Allein schon die Ergebnisaufbereitung und -kommunikation ist in der Regel keine Kernkompetenz von Personalentwicklungsabteilungen. VITELES vergleicht in diesem Zusammenhang schon 1954 eine durchgeführte Mitarbeiterbefragung mit einer „entsicherten Handgranate". Beides kann man nicht einfach zur Seite legen, ohne eine Explosion auszulösen.

Ausklammern anderer Kriterien

Eine Mitarbeiterbefragung ist ein hervorragendes Instrument, die Gesamtsituation eines Unternehmens aus der Sicht der Belegschaft in Erfahrung zu bringen. Dabei sind

die personalentwicklerischen Kriterien nur ein Teil der Gesamtsicht.
Für die Mitarbeiter ist es beispielsweise durchaus auch wichtig,

- wie die gesamte Arbeitssituation wahrgenommen wird,
- wie der Informationsfluss und Wissensaustausch funktioniert,
- wie Prozesse aufgesetzt sind und wie sie verbessert werden,
- wie stark die Kundenorientierung gelebt wird,
- wie klar Ziele vereinbart sind,
- wie das Image des Unternehmens wahrgenommen wird und
- wie sich die Zusammenarbeit im Unternehmen gestaltet.

Darüber hinaus können aktuelle Herausforderungen und Chancen beurteilt werden, was eine strategische Weiterentwicklung des Gesamtunternehmens unterstützt. Die spezielle Sicht der Personalentwicklung ist hilfreich und notwendig, um die richtigen Fragen zu stellen, deckt aber nicht die ganzheitliche Sicht ab.

Unternehmens- und Visionsentwicklung

In den meisten Unternehmen wird eine Vielzahl von Projekten verfolgt. Reorganisation, Umstrukturierung, Veränderung der strategischen Ausrichtung, Change Management oder Business Process Re-Engineering sind einige der Begriffe, die häufig im strategischen Fokus liegen.
Es ist zweifelsohne heute notwendig, dass sich Organisationen dem steten Wandel zügig anpassen und sich damit selbst in einem ständigen Veränderungsprozess befinden.

Nichts ist beständiger als der Wandel – das ist die Realität, der wir uns stellen müssen.
Nachhaltige Veränderung wird nur möglich, wenn Leidensdruck und/oder Sinnstiftung vorliegen. Häufig ist – auf Grund der weltwirtschaftlichen Situation – Leidensdruck anzutreffen. Märkte brechen weg, der Wettbewerb wird globalisiert, und die Kunden werden immer anspruchsvoller. Es entsteht Kostendruck, Personalabbau ist die Folge. Frustration und Ängste dominieren den Alltag.
Oft wird gar nicht bemerkt, dass dem Unternehmen auf dem verschlungenen Pfad der Entwicklung die Vision verloren gegangen ist. Der Gedanke des Gründers, der Antriebsmotor für die ersten Mitarbeiter, die an diese Vision geglaubt haben. Ohne diese Vision ist es für den einzelnen Mitarbeiter sehr schwierig, den Gesamtzusammenhang im Auge zu behalten und zu erkennen, wozu eine Veränderung notwendig ist.
Sinnstiftung entsteht aus einer energiespendenden Vision. Die Vision ist die vitale Antwort auf die Fragen nach dem Zweck, den Werten, den Zielen und den Bildern, die eine Organisation langfristig schaffen will. Wenn diese Vision von der obersten Leitung lustvoll entwickelt wurde, dann entstehen Sehnsüchte, Träume und Wünsche in den Herzen und Köpfen der Menschen. Daraus werden stimmige Strategien ableitbar. Energien erhalten Richtung und Ziel. Erfolge werden erlebbar. Wie von selbst entstehen Strukturen, die den Strategien und der Vision folgen. Die ganze Organisation wird mit neuem Leben erfüllt. Lust wird wachgeküsst – das alte Feuer brennt plötzlich wieder.
Wesentlich ist, dass die Vision erlebbar wird. Es reicht bei weitem nicht, einen markanten Spruch zu generieren, mit kraftvollen Bildern zu versehen, auf Poster zu drucken und in jedes Büro zu hängen. Gefragt sind Visionen, die trotz ihrer Komplexität jedermann versteht und fühlen kann.

Das treffendste Beispiel für eine gelungene Vision war die der NASA mit dem Apollo-Programm:

„I believe this nation should commit itself to achieving the goal, before this decade is out, of landing a man on the Moon and returning him safely to Earth. No single space project in this period will be more impressive to mankind, or more important in the long-range exploration of space; and none will be so difficult or expensive to accomplish."

John F. Kennedy
Special Joint Session of Congress – May 25, 1961

Diese Vision gab den Mitarbeitern der NASA die Kraft, eine für damalige Verhältnisse schier unlösbare Aufgabe zu meistern. Jeder einzelne Mitarbeiter identifizierte sich mit seinem Arbeitgeber in einem Ausmaß, dass seines gleichen sucht. Als am 20. Juli 1969 Neil Armstrong den ersten Schritt auf den Mond setzte, war die Vision erreicht. Entsprechend wurde damit die Kraft der fast acht Jahre alten Vision schwächer, und die NASA begann in eine Sinnkrise zu steuern.
Heute setzt die NASA auf eine sehr allgemein gehaltene Vision, die alle Anforderungen an eine Vision erfüllt und es wird verständlich, warum die NASA nach wie vor ein sehr begehrter Arbeitgeber ist.

„To understand and protect our home planet to explore the universe and search for life to inspire the next generation of explorers as only NASA can."

Vision der NASA im Jahr 2003

Was also braucht eine Vision genau? Es sind wahrscheinlich vier Faktoren, die klar sein sollten (vgl. BLANCHARD ET AL. 2000).

Zweck Der Zweck stellt klar, worum es genau geht. Er definiert die Gründe, warum eine Organisation überhaupt besteht. Man könnte die Frage stellen „Was würde fehlen, wenn es die Organisation nicht gäbe?"

Werte In den Werten ist definiert, wie die Menschen zusammen arbeiten wollen, um den Zweck zu erfüllen.

Ziele In den Zielen ist definiert, wohin die Reise gehen soll. Was möchte die Organisation und was die Menschen erreichen?

Bild Das Bild zeigt die Organisation, wie sie aussieht, wenn alles so funktioniert, wie man es sich wünscht.

Diese vier Faktoren sollten eine Vision bilden, die sich im Spannungsfeld von Ratio und Emotio – mit Hirn und Herz begreifbar, sowie von Ethos und Mythos – für den Menschen wertvoll und schon fast nicht erreichbar – befindet (siehe Abbildung 3).

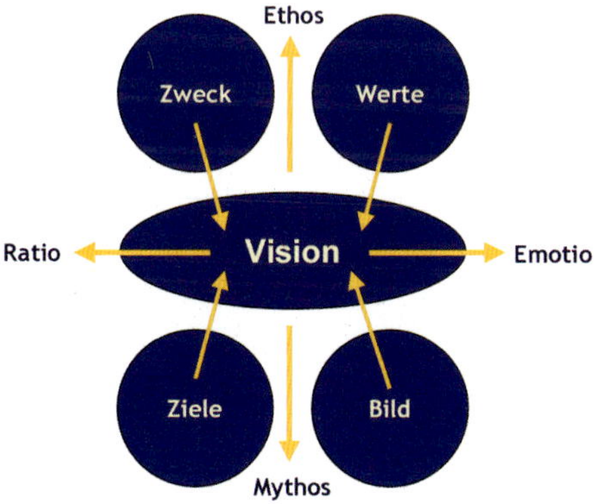

Abbildung 3: Die vier Faktoren einer Vision

Der richtige Zeitpunkt

In der betrieblichen Praxis kann man häufig beobachten, dass Projekte über Wochen, Monate und teilweise sogar Jahre verschleppt wurden. Der Grund ist meist der, dass irgend jemand den Eindruck hatte, gerade jetzt sei ein denkbar schlechter Zeitpunkt für die Durchführung einer Befragung.

Anfang des Jahres sind die Mitarbeiter stark in die Jahresplanung eingebunden und es fehlt die Zeit, im Februar/März kommt schon die erste Urlaubswelle der Skifahrer, im Frühjahr wird eine neue Software eingeführt, im Frühsommer gibt es eine unvorhergesehene Restrukturierung, der Sommer scheidet auf Grund der Schulferien aus, im Herbst steht fest, dass ein Teil der Mitarbeiter das Unternehmen verlassen muss, und gegen Ende des Jahres sind schließlich alle in den Jahresabschluss und die Budgetgespräche eingebunden – für eine Mitarbeiterbefragung ist da schon gar keine Zeit. Kennen Sie diese Situation?

Gibt es den optimalen Zeitpunkt für eine Mitarbeiterbefragung? Gibt es überhaupt einen Zeitpunkt für eine Mitarbeiterbefragung?

Natürlich macht es keinen Sinn, am 24. Dezember in der Kantine ein Wahllokal zu eröffnen und die Mitarbeiter zur Teilnahme einzuladen. Provokativ gesprochen, ist jedoch praktisch jeder andere Zeitpunkt im Jahr der richtige. Entscheidend ist, was Sie mit der Befragung erreichen möchten und wie Sie die Inszenierung geplant haben.

Wenn es sich um eine ganz normale schriftliche Befragung handelt, können Sie diese sogar während der Ferienzeit im Sommer durchführen. Mit einer Rücklauffrist von vier oder fünf Wochen wird wohl jeder Mitarbeiter erreicht. Längere Abwesenheiten sind dann meist durch Karenzzeiten bedingt. Diese Mitarbeiter können den Fragebogen mittels Postzustellung an die Wohnadresse erhalten.

Wenn Sie es ganz eilig haben und z.B. bis zur nächsten Aufsichtsratsitzung in vier Wochen Ergebnisse benötigen, so gelingt auch dies inklusive Zielsetzungs- und Planungsprozess. Die Inszenierung wird aber sicherlich anders sein als bei einer Mitarbeiterbefragung ohne Zeitdruck.

Befindet sich das Unternehmen in einer Restrukturierungsphase, so können viele Argumente gegen und mindestens genauso viele für eine Mitarbeiterbefragung gefunden werden. Wir haben auch Fusionsprozesse mit dem Instrument begleitet und haben ein Stück dazu beigetragen, Klarheit über die neue Struktur und die unterschiedlichen Kulturen zu schaffen.

Ist die Stimmung auf Grund einer bevorstehenden Kündigungswelle nahe dem Nullpunkt, kann eine Mitarbeiterbefragung sogar dazu beitragen, Potenzialträger im Unternehmen zu halten und dem befürchteten „Braindrain“ entgegen zu wirken. Ebenso kann es Strategie sein, beim ersten Mal bewusst in einer schwierigen Phase eher niedrige Zufriedenheitswerte zu messen, um später deutliche Verbesserungen erkennen zu können. Jede Verbesserung motiviert bekanntlich.

Geschichten aus der Praxis

In diesem Kapitel möchten wir an Hand einiger Episoden, die wir in der betrieblichen Praxis miterleben durften, Fallstricke aufzeigen. Die Unternehmen und handelnden Personen haben wir dabei so weit verfremdet, dass keine Rückschlüsse gezogen werden können. Die Beispiele aus der Praxis sollen helfen, Probleme zu erkennen und Fehler nicht zu wiederholen. Auf der anderen Seite sollen sie auch offenbaren, welcher Nutzen aus dem Instrument Mitarbeiterbefragung bei geeigneter Inszenierung entstehen kann.

Zufriedene Kunden – zufriedene Mitarbeiter?

Ein großes Technologieunternehmen stand vor dem Problem, angesichts eines rasant wachsenden Marktes eine effiziente Vertriebspartnerbetreuung aufbauen zu müssen, denn das Marktwachstum vollzog sich in dieser Zeit rasend schnell, die Kundenzahlen vervielfachten sich in Millionenschritten pro Halbjahr. Aus diesem Wachstum erwuchs die Organisation eines typischen Callcenters. Dies bedeutete Mehrschichtbetrieb, Reduzierung der Arbeit auf fast ausschließlich telefonische Aufgaben und Verbot von Tätigkeiten, die nicht direkt mit dem Telefonieren zu tun hatten.
Die Hauptaufgabe des Callcenters bestand darin, alle Aufgaben, die nicht sofort mit dem Call bearbeitet wurden, in das Backoffice weiterzuleiten. In diesem Fall war es eine Brief- bzw. Fax-Struktur, die dort zu finden war.

Anfangs waren es ausgelernte Sachbearbeiter, also ausgebildete Kaufleute, später wurde hier weniger gut ausgebildetes Personal eingestellt. Bereichsziel war es hier, dem Wachstum im Endkundengeschäft gerecht zu werden. Auf die Qualität der mitwachsenden Einheiten und Systeme wurde weniger geachtet. Bearbeitungen von Anrufen, die länger als drei Minuten dauerten, waren unerwünscht. Sie waren selbst dann nicht gewünscht, als deutlich gemacht wurde, dass eine Fragestellung eines Kunden die Bearbeitung eines vorherig eingetretenen Sachverhaltes bedingte, um die Frage schlussendlich beantworten zu können. Und zwar so beantworten zu können, dass der Kunde wegen des gleichen Themas nicht mehr anrufen musste.
Die Konsequenz des Wachstums war, dass zwar die Erreichbarkeit sehr gut war, jedoch die Qualität der Beratung abnahm.
Dies führte bei den Kunden zu Unzufriedenheit, denn sie fanden für ihre Anliegen nicht wirklich Gehör, vor allem, wenn es sich um Fragen handelte, die ein klein wenig von einer Normberatung abwichen.
Der Kunde hat zwar kein Verständnis für so ein Vorgehen, kapituliert aber in den meisten Fällen.

Dazu zwei Denkansätze:

- Kundenorientierung ist der Ausfluss eines individuellen Engagements in einem Unternehmen, in dem jeder einzelne Mitarbeiter diese Kundenorientierung leben muss. Hört diese Einstellung auf, weil man beispielsweise „sauer“ ist, weil man glaubt, man habe schon genug geleistet, dann werden Service, Qualität der Produkte und am Ende auch die Kundenorientierung darunter leiden.
- Es ist darauf zu achten, dass diese Mitarbeitermotivation hoch bleibt, dass Zufriedenheit nicht durch Wunsch-

vorstellungen oder Vorspiegelung falscher Ziele erzeugt werden kann. Mitarbeitermotivation und -zufriedenheit kann nur gehoben werden, wenn erstens die Ziele mit den Mitarbeitern realistisch besprochen werden und zweitens die Kundenorientierung nicht nur auf dem Papier steht, sondern tatsächlich gelebt wird.

Kundenzufriedenheit und Mitarbeiterzufriedenheit haben sehr viel mit der Durchgängigkeit von Unternehmensleitbildern zu tun, die nicht nur dann hochgehalten werden sollten, wenn alles zum Besten steht, sondern vor allem auch dann gelebt werden müssen, wenn es im alltäglichen Geschäft Probleme gibt, die gelöst werden müssen.
Sowohl beim Kunden als auch beim Mitarbeiter werden Parolen sehr schnell als leer entlarvt, wenn diese nur vorgeschoben sind, um für „Schönwetter“ zu sorgen.
Hingegen fühlen sich Mitarbeiter und Kunden wertgeschätzt, wenn Visionen im Unternehmen durchgängig gelebt werden, angefangen von der Geschäftsführung bis hinunter zum kleinsten Mitarbeiter.
Es ist also wichtig, achtsam zu bleiben und in Unternehmensentwicklung, die Steigerung von Kundenzufriedenheit und Mitarbeiterzufriedenheit als zwei Seiten der gleichen Medaille zu fördern.
Die Beachtung dieser wenigen Regeln sollte zum Erfolg eines jeden Unternehmens führen, das sich dann viel besser am Markt behaupten kann. Das bedingt mittel- bis langfristig orientierte Strategieansätze. Den Mut dazu und auch den Weitblick sollte eine Geschäftsführung auf jeden Fall aufbringen. Die sich dann (hoffentlich) einstellenden Erfolgsfaktoren Wachstum und Ertrag werden auf jeden Fall dem Unternehmen zu Gute kommen, in weiterer Folge auch den Mitarbeitern und den Kunden.

Die gut gemeinte Initiative

In einem mittelgroßen Industrieunternehmen hatte der Betriebsrat die Initiative ergriffen, eine Mitarbeiterbefragung durchzuführen. Die Zielsetzung war dabei, verschiedene Probleme aus dem Führungsbereich offen zu legen und Druck zu erzeugen. Das Betriebsratsteam nahm selbständig Kontakt mit verschiedenen Marktforschern und Beratern zwecks Begleitung des Projektes auf. Auf Grund des engen Budgetrahmens konnte jedoch kein geeigneter Anbieter gefunden werden. Das Aufzeigen der Problematik, an der Geschäftsleitung vorbei eine Mitarbeiterbefragung durchzuführen, wurde nicht ernst genommen.

In dem hoch motivierten Team wurde ein Fragebogen entwickelt, der sich – entsprechend der Zielsetzung – insbesondere auf das Thema Führung konzentrierte. Die Fragen bezogen sich auf die aktuellen Probleme, die dem Betriebsrat immer wieder von der Belegschaft näher gebracht worden waren. Aus diesem Grund entstanden auch sehr viele Negativformulierungen wie z.B. „Mein Vorgesetzter nimmt sich keine Zeit für Mitarbeitergespräche".

Die Mitglieder des Betriebsrats übergaben jedem Mitarbeiter den Fragebogen persönlich, erklärten die Vorgehensweise und baten die Mitarbeiter, den Fragebogen innerhalb der kommenden 14 Tage im Betriebsratsbüro abzugeben. Führungskräfte wurden nicht einbezogen, da hier einerseits kein Erkenntnisgewinn und andererseits Widerstand vermutet wurden.

Der Rücklauf war überwältigend. Nach bereits einer Woche lagen fast 80 Prozent der Fragebögen vor und der Betriebsrat begann mit dem Erfassen. In vielen Stunden wurde eine Excel-Tabelle mit den Werten erstellt und die Auswertung begann. Die Stimmung im Betriebsrat war gut – die viele Arbeit schien sich zu lohnen.

Die Ergebnisse waren eindeutig. Die Abteilungsleiter, von denen man eher schlechte Ergebnisse erwartete – da es hier immer wieder Beschwerden gab – wurden extrem negativ beurteilt. Andere Führungskräfte wurden durchaus als akzeptabel bewertet und einige Wenige erhielten sogar gute Noten. Das Instrument funktionierte also.
Mit großer Freude und einer Spur Häme wurden Rankings erstellt und dem Geschäftsführer im Rahmen eines turnusmäßigen Meetings übergeben. Zur allgemeinen Verwunderung wurde dort die Aktion als kontraproduktiv bewertet. Es kam zu einer großen Auseinandersetzung und der Geschäftsführer forderte die umgehende Vernichtung der Daten, da die gesamte Mitarbeiterbefragung mit ihm nicht abgesprochen war.
Der Betriebsrat kam der Forderung nach, da mit umfangreichen Sanktionen gedroht wurde. Nun kam, was kommen musste. Die Rankingliste kam auf nicht nachvollziehbarem Weg in den Umlauf. Das ganze Unternehmen war von Unruhe geprägt und es spielten sich kaum vorstellbare Szenen ab. Abteilungsleiter beschwerten sich beim Geschäftsführer, Sanktionen wurden mit großer Härte eingeleitet und der Betriebsrat wurde abgewählt. Erst nach Monaten kam das Unternehmen wieder zur Ruhe – zugegebenermaßen mit einer verbesserten Streitkultur. Das Instrument Mitarbeiterbefragung wurde für immer begraben.

Verschenktes Vertrauen

Als wir den Geschäftsführer eines Produktionsbetriebes in einer unserer Veranstaltungen begrüßten, signalisierte er uns, dass ihn zwar die Materie interessierte, er jedoch keine Mitarbeiterbefragung in seinem Unternehmen mehr durchführen lassen möchte. Den Grund für diese resolute Haltung erklärte er so:

Vor knapp zwei Jahren wurde von seinem Personalentwickler die Idee geboren, eine Mitarbeiterbefragung durchführen zu lassen, um die Stärken und Schwächen des Unternehmens aus Arbeitnehmersicht besser in Erfahrung zu bringen.
Der Geschäftsführer ist ein sehr interessierter Mensch und nahm die Anregung gerne auf. In den folgenden Wochen machte sich der Personalentwickler schlau, las einige Bücher zum Thema und ließ sich Angebote von unterschiedlichen Anbietern legen.
Nach genauer Analyse stellte er fest, dass er persönlich im Prinzip alle notwendigen Qualifikationen in sich vereinte, um eine Mitarbeiterbefragung in Eigenregie durchführen zu können. Dies kommunizierte er an seinen Geschäftsführer, der bereits ein Budget von 50.000 Euro freigegeben hatte. Die Freude über das gesparte Geld war groß, und das Projekt wurde gestartet. Lehrbuchhaft wurde der Betriebsrat einbezogen, und aus den Fragebögen befreundeter Unternehmen wurde ein für das Unternehmen passender Fragebogen entwickelt.
Die Belegschaft wurde über die Aktion mit einem Aushang informiert, die Fragebögen auf dem hauseigenen Kopierer hergestellt und über die Hauspost verteilt. Das unterschiedlich eingefärbte Papier half, die Bereiche zu unterscheiden. Der Betriebsrat unterstützte die Aktion und untermauerte die Aktion als anonym, indem es in seinem Büro eine Sammelbox gab, wo die ausgefüllten Fragebögen abgegeben werden konnten.
Nach einer Woche lag gut ein Viertel der Fragebögen vor. Die Führungskräfte wurden aufgefordert, die Mitarbeiter auf die Aktion aufmerksam zu machen und so kam nach vier Wochen eine Rücklaufquote von knapp 40 Prozent zustande. Zur Eingabe der Daten in die EDV wurden zwei Werkstudenten eingestellt.

Nach vier weiteren Wochen lag die Auswertung vor – eine Vielzahl an Tabellen, Grafiken und jeder Menge Kommentare auf die insgesamt sieben offenen Fragen, deren Clusterung schwer fiel.
In der Führungsrunde – die einmal pro Monat tagt – wurden die Ergebnisse vorgestellt. Der Personalentwickler hatte dazu ein Ranking erstellt, in dem die unterschiedlichen Unternehmensbereiche miteinander verglichen wurden. Während er die Diskussion auf die Stärken und Schwächen lenken wollte, begann eine intensive Auseinandersetzung zwischen den Führungskräften, ob die Daten überhaupt vergleichbar sind. Als Resultat wurden reichlich Spezialauswertungen beim Personalentwickler in Auftrag gegeben, bevor sich die Runde in der Lage sah, die Diskussion fortzusetzen.
Nach weiteren zwei Wochen lagen die Auswertungen für überschaubare Bereiche fest, die unter anderem auch alle schriftlichen Kommentare der Mitarbeiter enthielten. In den besonders schlecht bewerteten Bereichen fanden sich hier auch persönliche Beschuldigungen, Mutmaßungen und destruktive Kritik. Was passieren musste, geschah. In persönlichen Gesprächen und in einigen Meetings wurde darüber gesprochen, dass die im Fragebogen geäußerte Kritik nicht statthaft war und zu Konsequenzen führen würde. Die Anonymität weichte immer weiter auf. Ferner wurde jetzt auch die Repräsentativität der gesamten Aktion in Frage gestellt, da in einzelnen Bereichen nur ein Drittel der Mitarbeiter geantwortet hatte.
Noch immer – knapp zwei Jahre später – ist die damalige Befragung im Unternehmen Thema. Der Personalentwickler, zwei Führungskräfte und der Betriebsrat haben das Unternehmen von sich aus verlassen. Die identifizierten Verbesserungsbereiche wurden bis heute nicht aufgearbeitet.

Der übergangene Betriebsrat

In jedem Lehrbuch steht, dass der Betriebsrat bei Mitarbeiterbefragungen unbedingt eingebunden werden muss. Wir sind davon überzeugt, dass er, über die Einbindung hinaus, eine starke gestalterische Rolle übernehmen sollte. Schließlich vertritt der Betriebsrat die Arbeitnehmer und kann – bei entsprechender Überzeugung – ein wesentlicher Werbeträger einer Mitarbeiterbefragung sein.

In einem Dienstleistungsunternehmen hatte man bei der Konzeption der Mitarbeiterbefragung den Betriebsrat ganz bewusst ausgeklammert. Das Konfliktpotenzial zwischen Führung und Belegschaftsvertretung war auf Grund einiger Kündigungen hoch und das Projekt-Team sollte dadurch nicht unnötig gestört werden. Zwei Wochen vor Beginn der Aktion wurde der fertige Fragebogen dem Betriebsrat zur Information vorgelegt.

Dieser hatte einige Anregungen. So sollte in der Demoskopie auf die Geschlechtsangabe, die Gehaltsdifferenzierung und das Alter verzichtet werden. Aus seiner Sicht könnte durch diese Angaben die Anonymität nicht mehr gewährleistet werden. Weiterhin sollte die Qualität der Kantine beurteilt werden, da es hier immer wieder Beschwerden gab. Eine weitere Frage sollte sich der Zufriedenheit mit der Betriebsratsarbeit widmen. Als wesentlichen aber nicht enthaltenen Block wurde die Entlohnung angesehen.

Die gewünschten Änderungen wurden nur zu einem kleinen Teil berücksichtigt. Die Demoskopie blieb unverändert und auf Fragen zur Entlohnung wurde aus nicht weiter erläuterten Gründen verzichtet.

Der Konflikt führte dazu, dass am Tage des Fragebogenversandes in allen Fahrstühlen ein Aushang mit folgendem Inhalt zu sehen war: „Der Betriebsrat macht Sie darauf aufmerksam, dass er in die Konzeption der Mitarbeiterbefragung nicht einbezogen wurde. Aus unserer Sicht ist die Demoskopie unnötig fein und die Anonymität damit nicht gewährleistet. Weiterhin wurden wesentliche Fragen (z.B. zur Entlohnung) bewusst weggelassen. Wir empfehlen einen Boykott dieser Befragung."

Die Rücklaufquote lag unter zehn Prozent, eine sinnvolle Auswertung war nicht möglich, da ganze Abteilungen fehlten. Der externe Marktforscher musste dennoch in voller Höhe bezahlt werden – er hatte die mit ihm vereinbarten Leistungen schließlich in komplettem Umfang erfüllt. Es wird auch über die kommenden Jahre sehr schwierig sein, eine Mitarbeiterbefragung als Instrument zu etablieren.

Die Fehlinterpretation

„Traue keiner Statistik, die du nicht selbst gefälscht hast."
Dieses (dem ehemaligen britischen Premierminister WINSTON CHURCHILL zugeschriebene) Zitat ist besonders bei Mitarbeiterbefragungen immer im Hinterkopf zu behalten. Wir möchten niemandem unterstellen, absichtlich Daten zu manipulieren, doch es kommt manchmal zu Missinterpretationen, die dann schnell die Runde machen.

Gerne erinnern wir uns in diesem Zusammenhang an ein Projekt in einem mittelständischen Unternehmen. Aus den Detailberichten wurde deutlich, dass im Montagebereich die Dimensionen „Arbeitsbedingungen" und „Führung" besonders schlecht beurteilt wurden. Nach einem Aktionsworkshop mit allen Beteiligten im Rahmen einer Großveranstaltung war klar, dass die Beleuchtung den Ansprüchen nicht genügt, ein neuer Fußboden verlegt werden sollte und die Stühle auszutauschen sind. Die Führungskraft verstand weiterhin, das es den Mitarbeitern insbesondere darum ging, dass sie regelmäßig Feedback bekommen und er ver-

sprach vor versammelter Mannschaft das Thema Mitarbeiterbefragung wieder in seinem Bereich aufzunehmen, da er nun von der Sinnhaftigkeit überzeugt sei.
Insgesamt ein großer Erfolg, denn nach einem Monat sprachen wir erneut mit Mitarbeitern aus dem Bereich, die uns eine deutliche Verbesserung bestätigten. Bei diesem Besuch trafen wir auch den Projektleiter der Mitarbeiterbefragung. Er berichtete uns, dass er überlegt, ein spezielles Frauenförderungsprogramm aufzulegen.
Wir waren überrascht. Beim Ergebnisworkshop hatten wir ganz klar drei Handlungsfelder identifiziert. In den Montagebereichen sollten „Führung" und „Arbeitssituation", sowie die „Kommunikation zwischen Innen- und Außendienst" verbessert werden. Wie kam er nun auf das Thema Frauenförderung? Wir fragten nach. Es stellte sich heraus, dass er gewissenhaft noch einmal alle Unterlagen durchgearbeitet hatte und die drei Umsetzungsprojekte sauber aufgesetzt hatte. Nun hatte er entdeckt, dass aus der Auswertung der Demoskopie hervorgeht, dass Frauen im Unternehmen deutlich unzufriedener sind als die Männer. Daraus leitete er ab, dass ein Frauenförderungsprogramm jetzt genau das Richtige wäre. Am nächsten Tag wollte er sein Konzept der Geschäftsführung vorstellen.
Es fiel uns schwer, ernst zu bleiben. Gut, dass wir den Projektleiter schon seit drei Jahren kannten und uns eine Freundschaft verband. Es wäre sonst sehr peinlich geworden. Wir gingen gemeinsam in sein Büro und fragten ihn, wo denn der Großteil der Frauen im Unternehmen arbeitete. Da fiel es ihm wie Schuppen von den Augen. In der Montage lag der Frauenanteil bei knapp 70 Prozent. In allen anderen Bereichen waren es nicht mehr als 20 Prozent. Die Montage war noch dazu der größte Bereich. Die Unzufriedenheit bei den Mitarbeiterinnen, war also nichts anderes als die Unzufriedenheit in der Montage.

Er ist wirklich ein guter Projektleiter, eine gute Führungskraft und offensichtlich auch ein sehr guter Projektpartner. Er bedankte sich herzlich bei uns und lud uns zum Essen ein. Er war froh, dass die Geschäftsführung am Vormittag keine Zeit für ihn gehabt hatte ...

Mitarbeiterbefragung und Recruiting

Als wir zwölf Monate nach der letzten Mitarbeiterbefragung unser Handlungsportfolio auf dem Schreibtisch des Personalleiters eines Finanzdienstleistungskonzerns liegen sahen, waren wir sehr positiv überrascht. Wir wussten zwar, dass unser Gegenüber unsere Auswertungen sehr schätzte, aber dass sie nach einem Jahr noch oben auf lagen, war ein klares Signal, dass das Gespräch auf die nächste Mitarbeiterbefragung kommen wird.

„Sie wollen also über die nächste Mitarbeiterbefragung sprechen?", fragten wir. Die Antwort war ein klares Nein. Unser Gesprächspartner wollte Informationen zu unserem Angebot der Führungskräfteentwicklung. Das verwirrte uns, und wir verbalisierten unsere Überraschung.

„Bevor wir anfangen, müssen Sie mir eine Frage beantworten. Wozu liegt denn unser Handlungsportfolio ganz oben auf Ihrem Schreibtisch?" Das verwunderte wiederum den Personalleiter. Aber er begann sofort zu erzählen.

Etwa eine Woche nach Abschluss der Mitarbeiterbefragung hatte er ein Bewerbungsgespräch mit einem jungen Akademiker aus München geführt. Dieser stellte während des Gesprächs eine Frage, die so zuvor noch nicht gestellt worden war. Nachdem er über seine persönlichen Stärken und Schwächen gesprochen hatte, kehrte er die Frage um und erkundigte sich nach den Stärken und Schwächen des Unternehmens.

„Zunächst begann ich wie immer über die Stärken des Unternehmens zu sprechen, über die Entwicklungschancen, über unsere beiden neuen Töchter im Ausland, über Wachstum und all das. Dann besann ich mich, holte die Ergebnismappe der letzten Mitarbeiterbefragung und zeigte das Handlungsportfolio."
Der Bewerber war offensichtlich sehr überrascht von dieser Information. Er meinte später, dass dies der entscheidende Grund gewesen wäre, warum er sich für dieses Unternehmen entschieden hatte. Ihm lagen auf Grund seiner ausgezeichneten Zeugnisse gleich drei etwa gleichwertige Angebote vor.
Seit diesem Tag nimmt der Personalleiter das Handlungsportfolio in jedes Bewerbungsgespräch mit. Ein echter Mehrwert für die tägliche Personalarbeit.

Die unfreiwillige Beförderung

Die Mitarbeiterbefragung war abgeschlossen und wir wurden im Anschluss an die Vorstandspräsentation damit beauftragt, in allen Bereichen Aktions-Workshops durchzuführen. In diesen dreistündigen Veranstaltungen wurden die Ergebnisse des jeweiligen Bereiches vorgestellt und mit denen der besten Bereiche verglichen. Im Anschluss erarbeiteten Kleingruppen die Aspekte, auf die der Bereich besonders stolz sein konnte und diejenigen, wo der dringlichste Handlungsbedarf gesehen wurde. Es wurde darauf geachtet, dass möglichst Themen angeschnitten wurden, die auch von den anwesenden Personen gelöst werden konnten. Allgemeine Verbesserungen am Entlohnungssystem oder dem Arbeitszeitmodell wollte die Steuergruppe lösen.
Die Workshops verliefen sehr gut, und es wurden zahlreiche Verbesserungsideen entwickelt – die Stimmung in den Bereichen war sehr gut. Es war ein Mittwoch Nachmittag, als

wir – wie meistens zu zweit – eine Gruppe moderierten, in der die Führungskraft nahezu in allen Punkten die schlechtesten Werte – also jene mit dem größten Verbesserungspotenzial – erhalten hatte. Im Vorfeld hatten wir die Problematik intern diskutiert und versucht, mit der betroffenen Führungskraft ein Vorabgespräch zu führen. Dies kam leider nicht zustande, da sie sich auf einer Geschäftsreise befand und extra für den Workshop angereist kam.
Wir hatten schon unser Bild vor Augen. Sicher eine sehr junge Führungskraft, die mit der Aufgabe vollkommen überfordert ist und dennoch eine hohe Arroganz an den Tag legen würde. Das Gegenteil war der Fall. Ein netter älterer Herr eröffnete den Workshop und äußerte sein Interesse für die Ergebnisse der Befragung. Als die Aspekte der Dimension Führung in der Benchmarking-Grafik mit allen anderen Bereichen verglichen wurden, merkten wir deutlich, wie er immer wieder schluckte und wir erwarteten die sonst üblichen Rechtfertigungen bzw. die Nachfrage nach der Repräsentativität. Nichts dergleichen kam von seiner Seite. Er schien die Ergebnisse so erwartet zu haben und man konnte trotz des offensichtlichen Schmerzes bei ihm Zustimmung spüren. Im Anschluss an die Ergebnisdarstellung machten wir eine Pause und baten die Teilnehmer, sich schon einmal mit möglichen Verbesserungsvorschlägen auseinander zu setzen. Wir nutzten die Zeit, um mit der Führungskraft zu sprechen. Er legte eine ungeahnte Offenheit an den Tag.
Sein Vorgänger war eine Führungskraft von ganzem Herzen und vor sechs Monaten in Pension gegangen. Er wurde vom Regionalleiter als der neue Bereichsleiter auserwählt, da er die letzten 18 Jahre eine hervorragende Arbeit abgeliefert hatte. Er persönlich hatte sich nie um diese Position bemüht, denn er liebte seine Arbeit als Sachbearbeiter. Entsprechend war er als „alter Hase“ bei allen Kolleginnen und

Kollegen anerkannt und hoch geschätzt. Die Führungsaufgaben vernachlässigte er komplett, da er lieber die kniffligen Fälle lösen wollte und stets seinen Mitarbeitern mit Rat und Tat zur Seite stand.
Nach der Pause war für uns klar, dass es hier einer dringenden Lösung des Problems bedurfte. Während mein Kollege den Workshop weiter moderierte, ging ich mit der Führungskraft zum Regionalleiter. Es war ein bewegendes und sehr persönliches Gespräch. Der Regionalleiter verstand blitzartig, dass rascher Handlungsbedarf gegeben war. Die Lösung wurde sehr schnell herbeigeführt. Eine neue Führungskraft sollte eingesetzt werden und der derzeitige Bereichsleiter durfte bei stark erhöhten Bezügen wieder seiner Lieblingsbeschäftigung nachgehen.
Gemeinsam mit dem Regionalleiter gingen wir wohl gelaunt zurück in den Workshop. Die Führungskraft verabschiedete sich aus ihrer Position, der Regionalleiter entschuldigte sich für seine vorschnelle Wahl – dies überraschte uns nicht, war er doch in der Mitarbeiterbefragung als hervorragender Leiter der Region beurteilt worden. Alle Beteiligten behielten nicht nur ihr Gesicht, sondern steigerten ihren Sympathiewert noch deutlich. In der versammelten Runde war große Zustimmung zu spüren.
Besonders freute uns an der Geschichte, dass durch diesen Vorfall im Gesamtkonzern die Diskussion über die Spezialistenkarriere neu entfacht wurde. Bereits zehn Monate später wurde eine erste Konzeption eingesetzt.

Ein Vorstand ohne Feedback

Als wir die ersten Vorgespräche zum Projekt führten, trafen wir auf einen Gesamtvorstand, der das Projekt Mitarbeiterbefragung duldete, aber nicht unbedingt einen Sinn darin sah. Der Personalvorstand hatte sich dafür stark gemacht und er wollte mit Hilfe der Mitarbeiterbefragung insbesondere das Qualitätsmanagement unterstützen. Natürlich war für ihn auch von Interesse, wie zu diesem Zeitpunkt die Stimmung im Gesamtkonzern war.

Wie immer in solchen Situationen legten wir dem Vorstand nahe, das Projekt nicht zu starten, da eine Mitarbeiterbefragung das ernsthafte Interesse der obersten Führungsetage benötigt. Daraufhin wurden wir drei Wochen später zu einer Präsentation eingeladen, in der wir die Vorgehensweise sowie Erfahrungen aus anderen Unternehmen aufzeigen sollten.

Nach der einstündigen Präsentation fragten wir im Vorstand die Erwartungen an das Projekt ab und stellten unsere Erwartungen in Bezug auf Umsetzungsunterstützung dar. Wir hielten die Punkte fest, vereinbarten das Mandat und starteten das Projekt.

Einer der Vorstände hatte sich gewünscht, auch einmal persönliches Feedback hinsichtlich seiner Führungsqualitäten zu bekommen. Daher wurde im Planungsworkshop darauf geachtet, dass eine entsprechende Frage Berücksichtigung fand.

Als die Ergebnisse knapp drei Monate später vorlagen, war die Spannung im Vorstand groß. Wir präsentierten das Mitarbeiter-Votum und spiegelten dieses auch an den festgehaltenen Erwartungen. Die meisten Punkte konnten abgehakt werden. Die Forderung nach einem persönlichen Feedback wurde jedoch nach Ansicht des Vorstandes nicht erfüllt. Es konnte zwar an Hand der Ergebnisse abgeleitet werden, dass die anderen Kollegen in der Gesamtzufriedenheit etwas besser beurteilt wurden, doch es handelte sich beim Mittelwert nur um relativ geringe Unterschiede. Erst in der Aspektkarte, die die Verteilung der Antworten darstellt, wurde klar, dass dieser Vorstand offenbar polarisierte. Der Anteil der „sehr Zufriedenen“ und „Zufriedenen“

war größer als bei den Vorstandskollegen, der Anteil der „sehr Unzufriedenen“ und „Unzufriedenen“ jedoch ebenso. Diesem Phänomen sollte auf den Grund gegangen werden. Wir veranstalteten einen Aktionsworkshop, zu dem wir 15 Personen aus dem direkten Einflussbereich dieses Vorstandsmitglieds einluden. Dort stellten wir die Ergebnisse vor und diskutierten über Möglichkeiten zur weiteren Verbesserung der Situation. Als schon einige Inhalte erarbeitet waren, thematisierten wir die „Zufriedenheit mit dem Vorstand“.
Wir leiteten ein, dass der anwesende Vorstandsdirektor gerne ein persönliches Feedback zu seinen Führungsqualitäten bekommen würde und es nach den vorliegenden Ergebnissen der Mitarbeiterbefragung hier eine andere Verteilung als bei Vorstandskollegen vorliegen würde. An Hand der vorliegenden Grafik machten wir dies deutlich. Da es den meisten Mitarbeitern schwer fällt, ihre Führungskraft zu kritisieren, wurden folgende Regeln vereinbart:

- Niemand muss sich äußern.
- Bevor eine Kritik geäußert wird, muss ein Punkt hervorgehoben werden, der einem besonders gut gefällt.
- Es wird bewusst darauf geachtet, dass alle Beteiligten ausreden dürfen.

Die Runde begann – wie zu erwarten war – sehr zäh. Dann begann einer der Abteilungsleiter. Er stellte dar, dass er es sehr genoss, einen so großen Gestaltungsspielraum zu haben und sich daher wunderte, dass der Vorstand sich bei Detailproblemen manchmal sehr stark ins Geschehen einmischte. Dies wird als sehr unangenehm empfunden. Als sich der Vorstand dazu äußerte und es dabei offenkundig wurde, dass er sich über die geäußerte Kritik wirklich freute, begann die Runde aufzutauen. Die angesetzte halbe Stunde

reichte bei Weitem nicht aus, denn einige der Mitarbeiter äußerten sich mehrmals. Nun wurde auch klar, welch unterschiedlichen Führungsstil die einzelnen Mitarbeiter als optimal ansahen.
Nachher hatten wir ein langes Gespräch mit dem Vorstandsmitglied. Er bedankte sich für die Erfüllung seiner Erwartungen und führte eine Liste von Punkten auf, die er bei seinem Führungsverhalten ändern wollte. Er hatte in seiner fünfjährigen Zeit als Vorstand noch nie ein so qualifiziertes Feedback erhalten.
Wir sind schon heute gespannt, wie die nächste Mitarbeiterbefragung in diesem Unternehmen ausfallen wird.

Die eingesparte Demoskopie

Nach einem Vortrag wurde ich von einem Geschäftsführer eines mittelständischen Unternehmens auf unser Modell angesprochen. Er berichtete, dass derzeit in seinem Unternehmen eine Mitarbeiterbefragung in Vorbereitung sei. Ein befreundeter Unternehmensberater, der auch schon bei der Prozessoptimierung gute Dienste geleistet hatte, würde das Projekt begleiten.
Im Vorfeld gab es jedoch große Auseinandersetzungen mit dem Betriebsrat, der nicht an die Anonymität glauben würde. Nun wollte er wissen, ob das im Vortrag Erzählte denn wirklich der Realität entspräche und ob andere Unternehmen keine Probleme mit ihrem Betriebsrat hätten.
Wir stiegen auf das Thema ein, tauschten uns aus und es wurde klar, dass wir große Sympathie füreinander empfanden. Er lud mich ein, als Experte auf dem Gebiet einmal einen Blick auf den Fragebogen zu werfen.
Noch am gleichen Abend hatte ich den Fragebogenentwurf als Mail vorliegen. Der engagierte Berater hatte sich wirk-

lich Mühe gegeben. Auf elf Seiten wurden insgesamt knapp hundert Aspekte beleuchtet, die offensichtlich aus sehr unterschiedlichen Befragungen zusammengetragen waren. Alle Aspekte waren als Aussage formuliert – eine fünfteilige Skala wurde verwendet.

Hier und da gab es sicherlich noch ein wenig Korrekturbedarf, und der eine oder andere Aspekt war doppelt gestellt, aber insgesamt war das Befragungsinstrument ausreichend konzipiert. Was ich jedoch ganz vermisste, war der demoskopische Teil und eine Wichtigkeitsabfrage.

Ich rief den Geschäftsführer noch am Abend zu Hause an, um mich noch einmal für das gemeinsame Mittagessen zu bedanken und bat ihn, dass er mir gleich am nächsten Tag den demoskopischen Teil liefern sollte, damit ich ihn ebenfalls in meine Begutachtung einfließen lassen konnte. Schließlich wollte ich das Gesamtwerk beurteilen.

Seine Antwort erstaunte mich zutiefst. Er meinte, auf Grund der Diskussionen mit dem Betriebsrat hatte man sich darauf geeinigt, dass die Demoskopie bei dieser ersten Befragung ganz weggelassen wird. Zunächst geht es ja um das Gesamtbild des Unternehmens.

Wir telefonierten fast eine Stunde. Ich machte ihm klar, dass er ohne die Demoskopie gar nicht erkennen kann, in welchem Bereich es genau hakt. Es macht ja einen großen Unterschied, ob alle Unzufriedenen in seinem Unternehmen statistisch verteilt sind oder sich an bestimmten Stellen konzentrieren. Vielleicht sind sie alle in einer Abteilung, einem Team oder es sind die neuen Mitarbeiter, weil die Einarbeitung nicht gut funktioniert.

Er verstand sehr schnell, was das Problem war. Eine Mitarbeiterbefragung ohne Demoskopie ist praktisch wertlos. Als ich dann noch auf die Wichtigkeitsabfrage zu sprechen kam, machte er sich ernsthafte Sorgen, ob er den Richtigen mit der Befragung beauftragt hatte.

Eine Woche später sprach ich mit dem Unternehmensberater, der sich als wahrer Spezialist für die Prozessoptimierung zeigte. Er war ganz unglücklich mit seiner Befragung, da er mit den zunehmenden Problemen erkannte, dass eine Mitarbeiterbefragung nicht seiner Kernkompetenz entsprach.
Die Befragung wurde mit unserer Unterstützung doch noch ein großer Erfolg, da die Zweifel des Betriebsrats ausgeräumt werden konnten und wir einen ausgezeichneten Prozessverbesserer in der Umsetzung der Ergebnisse hatten.

Lessons learned

Diese Beispiele aus der Praxis sollen Hinweise liefern, in welche Richtung sich eine Mitarbeiterbefragung entwickeln kann. Zusammenfassend soll dargestellt werden, was aus den Geschichten als Gemeinsamkeit abgeleitet werden kann:

- Geht die Initiative zu einer Mitarbeiterbefragung vom Betriebsrat aus, ist darauf zu achten, dass die Geschäftsleitung mitspielt. Umgekehrt ist es genauso wichtig, dass der Betriebsrat aktiv eingebunden wird, wenn die Firmenleitung eine Mitarbeiterbefragung initiiert.
- Rankings mit den besten und den schlechtesten Ergebnissen zu verbreiten, ist kontraproduktiv. Benchmarking verfolgt eine Orientierung am Besten, nicht am Durchschnitt und auch kein Identifizieren der Schlechtesten: So werden Lernpotenziale nutzbar gemacht.
- Vermutete Kostenreduktion durch Befassung eigener Personalkapazitäten bewirkt meist das Scheitern eines Mitarbeiterbefragungs-Projektes. Spezialisierte Unternehmen wie EUCUSA helfen nicht nur Kosten zu sparen, sondern Nutzen zu maximieren.

- Anonymität ist ein sehr sensibles Thema. Wird sie im Zuge eines Projektes garantiert, so wird die Einhaltung der Anonymität eher einem Externen zugetraut, als einer Einheit im Unternehmen.

- Die Demoskopie und die Aufbereitung der Ergebnisse sind zentrale Punkte, die bereits bei der Planung genau überlegt werden müssen.

- Das Instrument ist Sprengstoff. Es kann verwendet werden, um Potenziale zu entfalten, aber in den falschen Händen auch zu zerstörerischen Zwecken dienen. Eine gut inszenierte Mitarbeiterbefragung kann jedoch ungeahnte und nicht prognostizierbare positive Nebeneffekte bewirken.

- Wird die Mitarbeiterbefragung als Führungsinstrument verstanden, ist es als Führungskraft durchaus von Vorteil, das eigene Rollenverständnis und die eigenen Lebensziele zu hinterfragen. Die Ergebnisse können als Impuls dienen, lang hinausgeschobene Veränderungsbedarfe nun endlich umzusetzen.

Jedes Projekt birgt weitere Überraschungen. Nur durch den kontinuierlichen Aufbau von Erfahrungen mit dem Umgang des Instruments kann das Risiko des Scheiterns minimiert werden. Entscheiden Sie selbst, ob Sie das Risiko selbst tragen wollen oder durch die Expertise von Spezialisten enorme Chancen realisieren.

Was Spitzenmanager sagen

„Grau, teurer Freund, ist alle Theorie", sagt das Dichterwort. Deshalb ist es Pflicht eines jeden Chefs bzw. Managers oder Firmeneigentümers, sich davon zu überzeugen, ob sich die diversen Thesen, Theoreme und Theorien über Mitarbeiter- und Kundenorientierung auch in der wirtschaftlichen Realität bewähren.
Deshalb haben wir Spitzenmanager aus fünf österreichischen und deutschen Unternehmen mit Weltgeltung nach ihrer Meinung gefragt:
„Welche Bedeutung messen Sie der Mitarbeiter- und Kundenorientierung zu und wie gehen Sie mit diesem Thema um?"

Dr. Wolfgang Malchow

„Einer der wesentlichen Erfolgsfaktoren ist unsere Kultur"

Oswald M. Klotz sprach mit Dr. Wolfgang Malchow, Geschäftsführer der Robert Bosch GmbH mit Sitz in Stuttgart. Wolfgang Malchow hat in der Geschäftsführung – neben anderen Funktionen – die Aufgabe, dafür zu sorgen, dass der Weltkonzern Bosch über hervorragend qualifizierte und motivierte Mitarbeiter verfügt.

Frage: Herr Malchow, Bosch ist ein Weltkonzern mit knapp 250.000 Beschäftigten und spannt seine Geschäftsfäden buchstäblich rund um den Erdball. Wie behalten Sie da den Überblick?

Malchow: Werfen wir mal einen Blick darauf, wie wir bei Bosch unsere Geschäfte führen. Die Personalführung orientiert sich nämlich genau an der Organisation unserer Geschäftseinheiten. Unsere Geschäftseinheiten sind weltweit tätige Geschäftsbereiche mit in der Regel mehreren Milliarden Umsatz und internationaler Verantwortung. Innerhalb der einzelnen Geschäftsbereiche gibt es deswegen auch einen für Human Resources Verantwortlichen, der diese Funktion innerhalb des Geschäftsbereiches ebenfalls weltweit wahrnimmt. Allerdings unterscheidet sich das Human Resources Management in einem Punkt vom operativen Geschäft: Gerade im Personalbereich muss ich einen regionalen Blick auf das Personalgeschäft haben. So ist zum Beispiel ein französischer Mitarbeiter zwar gerne bereit, für einige Jahre ins Ausland zu gehen, will dann aber nach Frankreich zurückkommen und dort den Großteil seines Berufslebens verbringen. Dafür haben wir in einzelnen Regionen sogenannte Regionenverantwortliche.

Frage: Worauf führen Sie in der Hauptsache den Erfolg von Bosch zurück?

Malchow: Für Bosch steht an erster Stelle das Thema „Innovation". Wir leben seit Gründung unseres Unternehmens 1886 von dem Erfolg unserer innovativen Produkte. Die Basis dieser Arbeit sind unsere Mitarbeiter. Wir brauchen also hoch qualifizierte und hoch motivierte Mitarbeiter. Beides kann nur in einer Kultur entstehen, die sehr stark zukunfts- und zielorientiert ist. Und ich glaube, das haben wir bei Bosch.

FRAGE: Hoch motiviert ist für mich das Stichwort. Welchen Stellenwert hat die Zufriedenheit Ihrer Mitarbeiter?

MALCHOW: Mit „Zufriedenheit“ assoziiert man sehr schnell auch Bequemlichkeit und Passivität. Daher ist „Motivation“ für mich der bessere Begriff. Es geht mir also darum, dass unsere Mitarbeiter motiviert sind, und dazu nutzen wir eine Vielzahl von Instrumenten. Auf der individuellen Ebene fängt es damit an, dass wir, wie viele andere Unternehmen auch, Mitarbeitergespräche führen. Das heißt, der Mitarbeiter spricht mit seinem Vorgesetzten über Aufgaben, Ziele, Zielerreichung und Verbesserungsmöglichkeiten; in den Fertigungsbereichen finden hierzu Teamrunden statt, in denen der Teamleiter mit seinen Mitarbeitern Verbesserungsmöglichkeiten bespricht. Wenn Sie sich jetzt eine ganze Abteilung vorstellen, dann finden Sie dort ein Instrument namens „Führungsdialog“. Hier handelt es sich um eine Workshop-Situation, bei der der Vorgesetzte mit seinen Mitarbeitern einen Tag lang in Klausur geht. Ausgangspunkt ist ein standardisierter Fragebogen, der von den Mitarbeitern anonym beantwortet wird und dessen Ergebnisse mit der Selbsteinschätzung des Vorgesetzten verglichen wird. Auf Basis dieser Gegenüberstellung geben die Mitarbeiter ein Feedback an den Vorgesetzten. Anschließend diskutiert man die Ergebnisse. Wenn wir noch eine Stufe höher gehen – also abteilungsübergreifend – dann nutzen wir dort gezielt das Instrument der Mitarbeiterbefragung, bei der wir die Mitarbeiter in den Organisationseinheiten systematisch befragen. Aus den Antworten können wir dann auch zum Thema Motivation Rückschlüsse ziehen.

FRAGE: Meinen Sie damit die Befragung, die derzeit mit Unterstützung von EUCUSA durchgeführt wird?

MALCHOW: Ja, das ist der Schritt, den Sie ansprechen. Wir wollen wissen, was die Mitarbeiter über verschiedenste

Themengebiete denken. Neben dem Aspekt der Motivation ist für uns aber auch von hohem Interesse zu erfahren, wo unsere Mitarbeiter glauben, dass wir Veränderungs- und Verbesserungsmöglichkeiten haben. Diese beiden Punkte sind für uns ungeheuer wichtig. Und darum sehen wir die Mitarbeiterbefragung als ein wesentliches Instrument an, um den Prozess der ständigen Verbesserung kontinuierlich zu gestalten. Deswegen haben wir uns Ende letzten Jahres entschieden, die Mitarbeiterbefragung weltweit an allen wesentlichen Standorten mindestens alle zwei Jahre durchzuführen.

FRAGE: Ein recht ambitioniertes Projekt und auch ein recht aufwendiges. Was ist Bosch bereit, in diese Motivationsforschung zu investieren?

MALCHOW: Darf ich als erstes den Aspekt der „Forschung" in Ihrem Begriff „Motivationsforschung" aufgreifen? Ich komme dann anschließend auf das Thema „Investition". Forschung hört sich groß und voluminös an – im Kern will ich aber in einem ersten Schritt lediglich erfahren, was unsere Mitarbeiter denken. Wir müssen uns das so vorstellen: Nehmen Sie als Beispiel vor Ihrem inneren Auge ein Fertigungswerk. Dort wird jetzt die Mitarbeiterbefragung durchgeführt. Danach sind natürlich alle Mitarbeiter ganz gespannt, was denn das Ergebnis sein wird. Dieses wird dann veröffentlicht, einmal für das Gesamtwerk, aber auch pro Teilbereich, und jeder Vorgesetzte teilt das Ergebnis seinem Bereich mit. So ist für jedermann transparent, wo aus Sicht der Mitarbeiter ein Handlungsbedarf besteht. So weit, so gut. Aber die eigentlich spannende Phase kommt jetzt erst: Das ist die Phase, in der insbesondere die kritischen Punkte konsequent abgearbeitet werden. Die nächste Mitarbeiterbefragung, die dann nach einem Jahr oder zwei

Jahren stattfindet, gehört zu unserem Kontrollmechanismus. Da fragen wir nämlich, ob wir in den Augen unserer Mitarbeiter einen Schritt weiter gekommen sind und somit die Probleme, die sie gesehen haben, auch tatsächlich gelöst haben. So entsteht ein kontinuierlicher Verbesserungsprozess.
Ihre zweite Frage, was wir für die Erreichung dieses Ziels investieren, möchte ich gerne so beantworten: Eine Menge Zeit! Zeit der Vorgesetzten, diese Befragungen vorzubereiten, aber ich würde sagen, das ist der geringere Teil. Der viel größere Teil liegt in den Workshops, welche die Ergebnisse der Mitarbeiterbefragung mit den Mitarbeitern aufbereiten und daran, anschließend auch konkrete Maßnahmen zu knüpfen. Das ist das eigentliche Investment, das stattfindet.

FRAGE: Haben Sie schon Erfahrungswerte, wie diese Umfragen, wie diese Fragebögen von den Mitarbeitern aufgenommen werden?

MALCHOW: In den Werken, in denen wir bisher schon solche Befragungen haben, wurde das ausgesprochen positiv aufgenommen. Das ist auch der Grund, warum wir dieses Instrument jetzt weltweit nutzen. Wir werden dabei bisweilen auch immer wieder mit ganz praktischen Problemen konfrontiert, etwa wenn ein Standort erheblich Personal abbauen muss. Da erhebt sich die Frage: Können wir jetzt überhaupt eine Mitarbeiterbefragung machen? Ist es nicht ein ganz schlechter Zeitpunkt, weil die Mitarbeiter wahrscheinlich alle ganz negativ antworten werden? Die Erfahrung, die wir gemacht haben, ist eine andere, nämlich dass es gerade in solchen Zeiten wichtig ist, mit den Mitarbeitern den Kontakt und das Gespräch zu vertiefen. Gerade in den kritischen Zeiten muss sich unsere Firmenkultur bewähren. Aber auch in Zeiten, wo alles gut läuft, müssen wir jede Verbesserungsmöglichkeit aufgreifen, um im harten internationalen Wettbewerb nicht zurückzufallen.

FRAGE: Wissenschaftliche Studien haben nachgewiesen, dass eine Konzentration auf die Mitarbeiter-Orientierung auch eine verbesserte Kundenorientierung mit sich bringt. Wenngleich man sich darum gesondert bemühen und das pflegen muss. Können Sie dem aus Ihrer Erfahrung zustimmen?

MALCHOW: Ja, und zwar aus einem ganz banalen Grund: In der heutigen Arbeitswelt sind alle Mitarbeiter, alle Organisationseinheiten darauf angewiesen, mit den anderen Einheiten konstruktiv zusammen zu arbeiten. Wir haben damit innerhalb des Unternehmens ein dichtes Netz von internen Kundenbeziehungen. Wenn wir Mitarbeiterbefragungen machen, dann ist es auch nicht ungewöhnlich, dass in einzelnen Bereichen Ergebnisse herauskommen, wie z.B.: „Jawohl, im Zusammenspiel mit Kunden X sehen wir Verbesserungsbedarf", oder und das ist sogar der häufigere Fall, dass man sagt: „Mit der uns zuliefernden Bosch-Organisationseinheit Y haben wir ein Problem". Die positive Wirkung ist also, dass wir durch die gezielte Abarbeitung solcher Lieferanten/Kunden-Beziehungen innerhalb des Unternehmens eine hohe Sensibilität der Mitarbeiter dafür entwickeln, was der Kunde braucht, damit er zufrieden ist und seine Arbeit gut machen kann. Und wenn wir diese Einstellung innerhalb des Unternehmens sehr stark forcieren, hat das auch entsprechende positive Einflüsse auf unsere Kundenbeziehungen nach außen. Gerade jene Mitarbeiter, die an den Kundenschnittstellen sitzen, werden letztlich viel sensibler dafür, was unser Kunde braucht und welche Probleme er unter Umständen mit uns hat.

FRAGE: Was unternimmt Bosch außerdem zur Steigerung der Motivation seiner Mitarbeiter?

MALCHOW: Ich möchte in dem Zusammenhang gar nicht Sozialleistungen und Ähnliches nennen, da gibt es auch bei uns eine große Palette. Ich glaube, das wichtigste Element zur Erhöhung der Mitarbeitermotivation ist, dass unsere Mitarbeiter wissen und verstehen, wie unsere Geschäfte laufen, worauf es im jeweiligen Markt ankommt und was wir tun müssen, um weiter erfolgreich zu sein. Das interessiert die Mitarbeiter auf allen Ebenen. Hier kommt der Transparenz und dem Informationsfluss nach Innen eine herausragende Bedeutung bei. Die Art der Information für verschiedene Ebenen mag dabei vielleicht unterschiedlich sein, aber der Inhalt ist im Grunde genommen überall derselbe. Mitarbeiter sind dann motiviert, wenn sie die Gewissheit haben, dass ihre Tätigkeit einen wesentlichen Beitrag dazu leistet, das Unternehmen insgesamt nach vorne zu bringen und sie damit nicht zuletzt auch in ihrer persönlichen Entwicklung vorankommen.

FRAGE: Einen Mitarbeiter in Deutschland zu befragen, ist doch was ganz anderes, als etwa in Indien oder in China?

MALCHOW: Genau diese Frage hat uns am Anfang sehr beschäftigt. Ich persönlich war ausgesprochen skeptisch. Wir hatten zwar gute Erfahrungen mit der Befragung in den USA oder in Deutschland, aber funktioniert dieses Instrument auch in den Ländern, die mit der westlichen Marktwirtschaft erst seit jüngster Zeit in Berührung gekommen sind, wie z.B. China? Ich muss sagen, ich war ganz überrascht, dass die Antwort auf unsere Diskussion, die ich in China dann selber mit Mitarbeitern, mit Personalleuten hatte, ausgesprochen positiv ausfiel. Nach der grundsätzlichen Entscheidung für eine weltweite Befragung überlegten wir dann im nächsten Schritt: Brauchen wir nun für jeden Kulturkreis eigene, spezifische Fragen? Wir hätten das ganz gerne vermieden, weil wir die Antworten dann weltweit nicht miteinander vergleichen können. Auch da die große Überraschung für uns: es gibt Standardfragen, mit denen die Mitarbeiter in Indien, aber auch in Osteuropa oder in Südamerika gleichermaßen sehr gut zurecht kommen. Der Kern unseres Fragenkatalogs, der rund 30 Fragen beinhaltet, wird daher weltweit gleich eingesetzt.

FRAGE: Sie sprechen immer wieder die Unternehmenskultur bei Bosch an. Ist sie nicht im Zeichen der Globalisierung dem Untergang geweiht?

MALCHOW: Einer der wesentlichen Erfolgsfaktoren von Bosch ist unsere Kultur, die sehr stark im Unternehmen verankert ist und die wir über viele Jahrzehnte weiterentwickelt haben. Sie war am Anfang sehr stark vom Kern des Unternehmens in Deutschland bestimmt. Heute ist aber der größte Teil unserer knapp 250.000 Mitarbeiter im Ausland, über 130.000. Wir müssen also sehr viel mehr in die Kommunikation investieren, damit unsere Bosch-Kultur im Unternehmen weltweit erhalten bleibt, auch zum Beispiel in China oder in Osteuropa, wo wir viele Tausende Mitarbeiter jedes Jahr neu einstellen.

FRAGE: Worin besteht denn nun diese Bosch-Kultur eigentlich?

MALCHOW: Ausgangspunkt sind sicherlich die drei großen Triebfedern unseres Unternehmenserfolgs: Qualität, Innovation, Kundenorientierung – und dies getragen von dem Wunsch, sich ständig zu verbessern. Diese Aspekte sind seit jeher integraler Bestandteil des Selbstverständnisses in unserem Hause, sie sind in den Köpfen der Mitarbeiter tief verankert und insofern stark kulturbildend. Die Bosch-Kultur – verstanden als die Summe dessen, was uns verbindet und wofür wir stehen – haben wir in unseren Bosch-Werten beschrieben. Prägende Kulturmerkmale sind dabei zum Beispiel die Themen Offenheit und ein faires Miteinander im Unternehmen. Auch die langfristige Zukunftsorientierung bei all unseren geschäftlichen Erwägungen ist ein starkes Element in unserem Werteverständnis. Dies alles zusammen macht unsere Bosch-Kultur aus.

FRAGE: Liegt der Erfolg von Bosch, abgesehen von der Bosch-Kultur, nicht auch darin, dass die Geschäftsführung nicht ständig auf den shareholder's value schielen muss?

MALCHOW: Unsere gesellschaftsrechtliche Struktur – der Haupteigentümer ist eine gemeinnützige Stiftung, die auch den größten Teil des ausgeschütteten Ergebnisses erhält – ermöglicht es uns, langfristige Strategien zu realisieren. Das ist von hoher Bedeutung, da viele unserer Innovationen, die ganz wesentlich zu dem Erfolg des Unternehmens beigetragen haben, einen langen Atem der Entwicklung und der Durchsetzung am Markt erfordern. Unsere gesellschaftsrechtliche Struktur erleichtert uns das im Vergleich zu anderen Unternehmen, die börsennotiert sind. Auf der anderen Seite ist die Kapitalbeschaffung für uns vergleichsweise schwieriger, weil wir nicht einfach neue Aktien herausgeben können, sondern darauf angewiesen sind, dass wir mit unserem eigenen Geschäft eine ausreichende Profitabilität erwirtschaften, die uns ein langfristig orientiertes und unabhängiges Handeln ermöglicht.

Dr. Gerhard Pils

„Gemeinsam mit Freude an die Spitze"

Oswald M. Klotz sprach mit Dr. Gerhard Pils, dem Geschäftsführer der BMW Austria GmbH, der österreichischen Tochter der deutschen BMW-Group Company. Vorher war Gerhard Pils jahrelang für Personalfragen der Führungskräfte in der Münchener Konzernzentrale zuständig.

Frage: Herr Pils, BMW erlebt – im Gegensatz zu vielen anderen großen Autoherstellern, die zum Teil erhebliche Absatzeinbußen hinnehmen mussten und noch immer müssen – einen steten Aufschwung. Worauf ist der zurückzuführen?

Pils: Ich möchte das mit dem sogenannten P-Säulen-System erklären. Ich sage: „P" wie people, die Menschen, die mit großer Passion Prozesse entwickeln – Entwicklungsprozesse, Produktionsprozesse, Vertriebsprozesse, mit denen sie BMW-Produkte in den Markt bringen und dadurch Profit erzeugen, der wiederum in die richtigen Menschen, in die richtigen Produkte investiert werden kann. Und damit sind alle fünf „P" genannt: people, passion, products, processes, profit.

Frage: Sie sind ein Fachmann auch in Sachen Personal. Sie waren ja auch Leiter der Personalbetreuung für Obere Führungskräfte im Gesamtkonzern. Welchen Stellenwert für den Erfolg hat die Motivation von Mitarbeitern in der Firmenphilosophie von BMW?

Pils: In unserer Firmenphilosophie gibt es strategische Zielfelder, die gleichberechtigt sind. Mitarbeiterorientierung ist ein Zielfeld daraus. Ich persönlich möchte es doch an den Anfang stellen, weil bei den Menschen, da beginnt es einfach. So wie 1917 zwei Österreicher BMW, die Bayerischen Motorenwerke, gegründet und das heute noch gültige Logo erfunden haben, oder eine Familie Quandt 1960 dafür gesorgt hat, dass es BMW heute noch gibt, gibt es heute noch Menschen, die dafür sorgen, dass BMW in der Premiumklasse – das wäre übrigens noch ein sechstes „P" – erfolgreich ist. Und so spielt für mich unter allen Zielfeldern, wie etwa Kundenorientierung, Shareholderorientierung usw., die Mitarbeiterorientierung eine ganz dominante Rolle.

FRAGE: Woher wissen Sie eigentlich, wie motiviert oder nicht motiviert Ihre Mitarbeiter sind?

PILS: Da gibt es verschiedene Systeme. Das klassische System ist die Mitarbeiterbefragung, die flächendeckend eingesetzt wird. Das wird auch gemessen, das heißt, das Ergebnis der Mitarbeiterbefragung und das Ziel, nämlich eine Verbesserung des Resultats im folgenden Jahr, gehören bei den Führungskräften zu den Basisaufgaben. Das ist also nicht nur ein Ziel, das man halt so verfolgt, sondern ein Ziel wie etwa das Absatzziel. Die Mitarbeiterbefragung wird weltweit jedes Jahr in allen unseren Gesellschaften durchgeführt und dann zentral verdichtet.
Zweitens haben wir einen Portfolioprozess, der dafür sorgt, dass das 360 Grad beleuchtet wird. Neben dem Mitarbeiter, der in der Mitarbeiterbefragung klar sagen kann, was er will und was ihn stört, hat auch sein Vorgesetzter die Möglichkeit, einzuschätzen, ob er zufrieden ist, wie er sich entwickeln soll, welche Förderungen hier zum Tragen kommen sollen. Das ist das Zweite im Sinne der Mitarbeiterbewertung. Auch das wird bei BMW flächendeckend weltweit durchgeführt.
Das Dritte ist dort, wo die Unternehmenskultur funktioniert, wie ich mir das vorstelle. Die Mitarbeiter sollen klar sagen, was ihnen passt und nicht passt. Ich fordere sie auch immer wieder dazu auf. Und in diesem Zusammenspiel sollte doch eine Kultur entstehen, bei der man sagen kann: Ja, ich weiß um die Befindlichkeit der Mitarbeiter Bescheid.

FRAGE: Wie ziehen Sie Konsequenzen aus diesen Maßnahmen?

PILS: Grundsätzlich sieht man ja, wo man Handlungsbedarf hat, wo man etwas tun kann – und will. Die Konsequenzen sind die, dass man grundsätzlich auch sagt, und da geht es jetzt um die Entlohnung, wir wollen die Mitarbeiter, Land für Land und Gesellschaft für Gesellschaft, im oberen Drittel der jeweiligen Branche entlohnen. Das messen wir auch. Wenn es aber dazu kommt, wie in den letzten Jahren, dass es sehr gut läuft, dann sorgt der variable Anteil in diesem Entlohnungssystem dafür, dass wir im oberen Drittel des oberen Drittels zu Hause sind. Das ist einmal ein wesentlicher Punkt, wo man doch gewisse, sagen wir: Grundbedürfnisse abdecken kann. Das Zweite ist: Man muss diese Stärken, die die BMW-Group anbieten kann, immer wieder ins Bewusstsein rufen. Da geht es ja auch um die Begehrlichkeit der Marke. Da geht es natürlich um die Umsetzung dieser Begehrlichkeit in den Produkten, die man sehen kann. Und es geht natürlich auch um Weiterentwicklungsmöglichkeiten, um internationale Perspektiven. Und all das zusammen führt dazu – und das ist jetzt sozusagen die Kernaussage, dass wir gerade wieder als begehrteste Arbeitgeber Europas bestätigt worden sind.

FRAGE: Wie viel investiert denn BMW in eine optimale Mitarbeiterorientierung?

PILS: Den einen Punkt, die gute Entlohnung, habe ich gerade erwähnt. Das ist auch nicht nur an einer Ziffer zu sehen. Da geht es immer auch um Systeme, die das jährliche Einkommen umfassen, dazu variable Teile wie Erfolgsbeteiligung, aber auch ganz klare Möglichkeiten, sich weiter zu bilden, sich weiter zu entwickeln. Das alles kostet Geld, ist uns aber dieses Geld auch wert.

FRAGE: Zufriedene Mitarbeiter „erzeugen", wenn man so salopp sagen will, auch zufriedene Kunden. Sie leben da aber doch in einer besonderen Situation. Denn Ihre Kunden, das sind ja nicht die Motorrad oder Auto kaufenden Leute von der Straße, sondern die Händler. Sie wollen aber natürlich, dass der Endkunde irgend-

wann wieder in das Geschäft zurück kommt und nicht das Auto oder das Motorrad. Wie gehen Sie dieses Problem an?

PILS: Ich meine, dass Kundenorientierung auch in nicht vertreibende Strukturen hinein gespiegelt werden kann. Interne Kunden- und Lieferantenorientierung hat das Schlagwort einmal geheißen. Ich glaube, dass es sehr hilfreich ist, wenn man seine eigene Leistung als qualitativ hochwertig verkaufen will, auch wenn das nicht direkt an einen Kunden gerichtet ist, der Geld auf den Tisch legt, und wenn der Partner diese Leistung auch schätzt. Diese Wertschätzung gilt vorerst einmal für die internen Beziehungen. Darüber hinaus muss es aber noch das Bewusstsein geben, dass wir einen Endkunden haben. Ich möchte dem Handel auch sagen: Seid euch bewusst, dass ihr das nur mit zufriedenen Mitarbeitern schafft. Es ist die tagtäglich gemachte Erfahrung, dass nur mit zufriedenen Mitarbeitern (und nur zufriedene Mitarbeiter bleiben länger) der Kunde tatsächlich zufrieden gestellt werden kann. Und das gilt nirgendwo mehr als in einer Branche, wo langlebige, kostbare Konsumgüter vertrieben werden und wo diese Zufriedenheit des Kunden ausschlaggebend ist, dass er wieder in dieses Autohaus kommt, wenn er ein neues Fahrzeug braucht.

FRAGE: Wie messen Sie denn diese Betreuungsqualität?

PILS: Wir messen das mehrstufig. Für die Autohäuser haben wir auch wieder ein internationales Instrument, eine Händler-Zufriedenheitsstudie, die jährlich misst, wie zufrieden die Händler mit meiner und meiner Mitarbeiter Leistung sind. Das wird herunter gebrochen auf Außendienst, technisch, kaufmännisch, Marketing – also alle Schnittstellen. Dann messen wir auch die Zufriedenheit der Kunden mit den Händlern, aufgeteilt in Verkauf- und Servicezufriedenheit. Das werden wir in Zukunft telefonisch machen.

FRAGE: Viele Autokonzerne bauen Verkaufs- und Servicestellen ab, weil das Geschäft schlecht läuft oder die Gewinne maximiert werden sollen. Wie stellt sich BMW dazu?

PILS: Bei uns kommt es zu keinem Abbau von Verkaufs- und Servicestellen. Ich vertrete da eine Spinnennetz-Theorie, will sagen: nur ein engmaschiges Netz fängt viele Fliegen. Wir brauchen ein perfektes Netz, um perfekt betreuen zu können.

FRAGE: Wie geht es jetzt weiter?

PILS: Ich habe da einen Prozess in Gang gesetzt, den ich „Werte im Wandel" genannt habe. Ich will damit erreichen, dass transparent wird, was uns treibt; und dass es auch eine Vision gibt, weil ich glaube, dass man eine Überschrift über sein Handeln braucht. Das kann ja nicht nur das jährliche Budget sein, zumal in einem Unternehmen, wo die Zielstrukturierung sehr gut quantitativ ableitbar ist.
Wir haben daher in drei Wellen – erste Welle mit meinem direkten Führungskreis, zweite Welle mit dem erweiterten Führungskreis, dritte Welle mit den Händlern – einen Blick auf unsere Werte geworfen und darauf, wie sie sich meiner Meinung nach entwickeln sollten. Das wurde auch der gesamten Mitarbeiterschaft präsentiert. Ich gehe dabei von der Überzeugung aus, dass wir die Freude und die Begeisterung für die Marken der BMW-Group jeweils auch als Person begleiten müssen. Ich kann ja schlecht freudvolle Produkte verkaufen und mich gleichzeitig über meine Zielanspannung ärgern.
Zweiter Punkt: Respekt und Vertrauen. Wir müssen einfach Respekt vor der Leistung des Anderen haben. Wir müssen Vertrauen haben, dass er seine Sache gut macht. Das führt dann auch dazu, dass Führungskräfte mehr delegieren, dass ein Kollege einen anderen in Gremien schickt und sagt:

„Geh' doch bitte du hin, ich mache gerade etwas Wichtiges." So lassen sich Redundanzen vermeiden.
Das Dritte ist der Leistungswille. Da geht es mir vor allem um die Balance. Ich will den Mitarbeitern sagen: Ihr seid mir wichtig. Es ist mir nicht egal, wie ihr zu euren Zielen kommt. Ich will, dass es euch gut geht dabei. Es geht mir dabei um die Balance zwischen körperlicher, geistiger und seelischer Leistungskraft. Das wird kräftig ins Unternehmen hinein gerufen und auch mit Coachings umgesetzt. So wollen wir das Motto umsetzen: Gemeinsam mit Freude an die Spitze.

Ing. Mag. Johannes Elsner

„Von der textilen Fetzenbude zum Entwicklungslieferanten"

Oswald M. Klotz sprach mit Generaldirektor Ing. Mag. Johannes Elsner. Elsner führt seit knapp drei Jahren als CEO die Firma Eybl International mit Sitz in Krems an der Donau im Bundesland Niederösterreich. Eybl nennt sich „Europäischer Automotive-Interieur-Konzern" und sieht sich bei textilen Automobil-Innenausstattungen als Weltmarktführer.

FRAGE: Herr Elsner, Sie schreiben im Internet in Ihrem Unternehmensleitbild, dass für Sie sowohl der Kunde auf der einen Seite wie auch der Mitarbeiter auf der anderen Seite ganz wichtig ist. Bleiben wir zuerst einmal bei den Mitarbeitern. Sie reden von der Kultur des Unternehmens, was verstehen Sie darunter?

ELSNER: Die Umgangsformen miteinander, die Umgangsformen in der Außenorientierung und speziell, wie ein Unternehmen generell auftritt, und das sind einfach seine Mitarbeiter, außer jenen Elementen, die man in den Marketingkonzepten ansonst noch verkauft.
Das bedeutet im Klartext, wir haben gemeinsam mit den Mitarbeitern eine Philosophie entwickelt, was wir tun wollen. Und was wir tun wollen, haben wir dann als unsere Vision niedergeschrieben. Wir leben das tagtäglich sehr teamorientiert, und das in dieser Unternehmensorganisation, die doch sehr multikulturell ausgeprägt ist. Und wenn Sie die Landkarte anschauen, wo wir überall tätig sind, könnte man fast sagen, es ist die alte Monarchie Österreich-Ungarn, ergänzt um einen Standort in Afrika; dann kommen die Mitarbeiter darauf, dass alle diese Völker ein Recht auf ihre Eigenständigkeit haben, aber auf der anderen Seite auch die klaren Erfolgsfaktoren eines Konzerns brauchen, der in einem sehr prozessabhängigen Kundenbeziehungsverhältnis steht, um hier gemeinsame Sprache, gemeinsame Wertmaßstäbe zu transportieren, wie Mitarbeiter es brauchen.

FRAGE: Sie sind erst relativ kurz CEO des Eybl-Konzerns. Sie haben, wie schon erwähnt, in ganz Europa und Nordafrika Standorte. Was macht denn den Erfolg Ihres Unternehmens aus? Wie kam er zustande?

ELSNER: Als wir vor rund drei Jahren begonnen haben, war dieses Unternehmen moralisch ziemlich am Boden, das waren nicht nur die Eckzahlen, die nicht gepasst haben, sondern das war auch der Auftritt des Unternehmens als der billige Jakob und als verlängerte Werkbank. Der entscheidende Schritt war, den Schlüsselpersonen, die hier die Kernkompetenzen hatten und haben, wieder einen Sinn zu geben, warum sie hier arbeiten. Es war nicht nur ein Thema des Standortes Krems, sondern auch ein Thema unserer Fabrik in Gmünd, wie auch aller Außenstandorte. Wir waren in der Anfangsphase in einer Situation, wo wir bestreikt worden sind, weil die Fabriken in Wahrheit nicht uns gehört haben, sondern sich dort eine Eigendynamik entwickelt hat, die darauf zurückzuführen war, dass die Methoden, wie Mitarbeiter hier agiert haben, nicht ordnungsgemäß waren im Sinne eines wirklich partnerschaftlichen Umgangs miteinander. Wir haben den Menschen klar erklärt, dass wir nur gemeinsam das Thema Kundenorientierung leben können und davon leben, und dass wir nur gemeinsam eine Kultur der Leistungsorientierung entwickeln können, wobei Leistung nichts Böses ist, sondern schlicht und einfach bedeutet, Wünsche eines Kunden so zu übersetzen, dass er sie auch erfüllt bekommt. Das haben wir in den Jahren 2002 bis 2003 sehr exzessiv geübt, haben den Prozess sicher gemacht, um am Ende des Tages zu jenen in der Branche zu gehören, die die Besten sind. Das bedeutet, wir haben unseren Mitarbeitern den Sinn gezeigt, wofür sie arbeiten, nicht nur für, sage ich mal, monetäre Abgeltung, sondern sehr wohl für die dahinter liegenden Werte der Kundenbegeisterung. Wir haben den Menschen in die Augen gesehen und haben ihre sozialen Bedürfnisse, die ganz unterschiedlicher Natur waren, erkannt, haben sie großteils unterstützt und gemeinsam gelöst. Wir haben dafür die eine oder andere Auszeichnung bekommen, was nur der klare Ausdruck dafür ist, dass wir es richtig verstanden haben. Viel wesentlicher ist aber, dass ich heute 4000 unmittelbar beschäftigte Mitarbeiter habe, die hier mit

Begeisterung tätig sind, natürlich unterschiedlich in ihrer hierarchischen Aufgabenstellung, und am Ende des Tages können wir sagen, alle arbeiten für den Kunden, mit einer klaren Begeisterung und mit Emotionen, die der Mensch mit dem Innenraum eines Autos verbindet.

FRAGE: Den Mitarbeitern in die Augen sehen – was heißt das konkret?

ELSNER: In den Gesichtern lesen, wie es ihnen geht. Da können Sie klar ableiten, ob eine Organisation funktioniert, oder ob eine Organisation nur auf dem Papier existent ist und parallel dazu in der Praxis etwas ganz anderes herrscht. Und das ist einer der Schlüsselfaktoren, die nicht nur wir im Top-Management leben, sondern auch meine Führungskräfte leben, die wie gesagt in den Gesichtern der Mitarbeiter hier in der Früh, zu Mittag oder am Abend ganz genau erkennen, wie momentan gerade die Stimmung ist, ob Probleme durchschlagen, ob die Probleme gelöst werden, oder ob der Mensch verunsichert ist.

FRAGE: Was tun Sie zur Förderung der Mitarbeiter-Motivation?

ELSNER: Alles, was ich am Standort konkret brauche. Das beinhaltet auch, dass wir zur Gesundenuntersuchung in Rumänien beitragen, mit Sehtests, mit Lungentests, und wann immer Menschen Gesundheitsprobleme haben, dass wir da helfen, diese zu lösen. Das war zum Beispiel Alkoholismus in bestimmten Regionen sehr stark ein Thema, und da haben wir ganz entscheidend eingegriffen, bis hin zur Unterstützung der Verbesserung der Strukturen des lokalen Polizeiapparats. Das bedeutet auch, dass wir unseren Leuten in Ungarn unter anderem einen Linienbusdienst anbieten, der sie regelmäßig in die entlegensten Gebiete

bringt; dass wir ihnen im Sommer Kleinigkeiten als Belohnung anbieten. So gibt es für besonders gute Leistung als Dessert zu Mittag gratis Eis, und keiner spricht drüber, sondern es wird ganz einfach ausgeteilt. Wir veranstalten gemeinsame Weihnachtsfeiern, was für viele vielleicht selbstverständlich scheint, aber wenn man sich vorstellt, dass wir doch multikulturell sind, sechs bis sieben große Kulturkreise bei uns vereinen, und wir mit jedem persönlich Weihnachten feiern, dann ist das, glaube ich, ein gutes Beispiel für unsere Firmenkultur. Und auch da reden wir nicht darüber, sondern wir tun es einfach. Wir versuchen uns auch halbwegs in der jeweiligen Landessprache zu verständigen. Und obwohl ich weit davon entfernt bin slowakisch, ungarisch oder rumänisch wirklich sprechen zu können, bemühe ich mich zumindest, ein paar Grundbegriffe zu lernen, was, glaube ich, eine Wertschätzung für jedes Volk darstellt, und das geht bis dahin, dass wir auch hier in Krems mit Stolz und Recht sagen können, wir sind keine textile „Fetzenbude“ mehr, sondern wir sind in der Zwischenzeit zum Entwicklungslieferanten gereift, was sich auch im Äußeren der Mitarbeiter, wie sie sich bewegen, wie sie heute Gespräche führen, wie sie sich heute hier im Umfeld verhalten, klar wiederspiegelt.
Ich glaube, all das zusammen kann man schwer in ein Schema pressen, sondern es ist einfach nichts anderes, als miteinander umgehen, aufeinander zugehen und sich wirklich die Sorgen der anderen Personen anzusehen, und das sind zwischen Rumänien und Krems, den zwei entlegensten Standorten, aber durchaus auch Casablanca, immer die gleichen. Wenn man den Menschen und seine Bedürfnisse wirklich ernst nimmt, dann kämpft er für dich im Sinne der Leistung, die du brauchst, um den Kunden zufrieden zu stellen.

FRAGE: Wie erfahren Sie von diesen Bedürfnissen?

ELSNER: Im Wesentlichen erfahre ich über meine Managementstruktur, welche Hauptprobleme anstehen, zum Beispiel ist das eine Klimaanlage in Rumänien, weil es dort 36 Grad hat. Das ist das eine Thema. Das zweite ist, ich bin regelmäßig in den Standorten draußen – na und da kriegt man schon mit, was da los ist. So, und damit habe ich einen formellen und einen informellen Weg. Damit verfüge ich über eine relativ gute Filterung für das, was notwendig und was sinnvoll machbar ist.

FRAGE: Bringt Ihrer Ansicht nach eine groß angelegte Befragung mit Fragebögen etwas?

ELSNER: Im Sinne eines anderen, neuen Blickwinkels: sicher. Und man sollte nie vorgefasste Meinungen unreflektiert in die Organisation hinein bringen, sondern man sollte, wenn es geht, breitest gestreut den Blickpunkt untersuchen, das heißt vom eigenen Mitarbeiter, vom Kunden, aber auch vom Lieferanten her, und auch von den Institutionen öffentlichen Rechts, wer auch immer das ist. Es ist wichtig, unterschiedliche Blickwinkel zu haben, um hier einen möglichst objektiven Standpunkt daraus machen zu können.

FRAGE: Am Firmenhauptsitz in Krems fällt auf, dass überall in den Büros, in den Gängen, aber auch in der Produktion, große Fernseh-Flachbildschirme hängen, die ständig den aktuellen Aktienkurs von Eybl, die Mitarbeiterzahl und die Entwicklung der Firma darstellen. Das ist sehr unüblich. Warum tun Sie das?

ELSNER: Das ist ein Teil unserer internen Infopolitik, wo wir auf der einen Seite klar vermitteln, dass wir dem Kapitalgeber gegenüber verpflichtet sind, wenn man hier den Aktienkurs sieht, und auch sofort den Respons bekommen über das, was wir tun. Das soll mehr oder minder vermitteln, dass, egal welche Handlungen wir setzen, wir öffentlich beobachtet werden. Wir als Vorstand bekommen so auch sofort Reaktionen, was wir hier im Unternehmen tun, und auf der anderen Seite informieren wir jeden, der es möchte, so, dass er tagtäglich korrekte Informationen darüber hat, wie es dem Unternehmen geht und was wir gerade tun. Es gibt darüber hinaus noch ein System von anonymen Briefkästen, wo all das eingeworfen werden kann, was man im weitesten Sinne Beschwerde oder Anregung nennt.

FRAGE: Zum Beispiel?

ELSNER: Also da gibt es die unterschiedlichsten Themen. So hat mich irgendwann ein anonymer Lagerarbeiter darauf aufmerksam gemacht, dass im Schichtbetrieb sinnlos 96 Leuchtröhren in der Halle brennen. Das war ein guter Hinweis, aber weil er anonym war, konnten wir ihn nicht prämieren, aber wir konnten ihn in unserer Mitarbeiterzeitung „Fokus“ erwähnen. Das war so ein Hinweis, wo wir alle gesagt haben: Da schau her, man denkt überall mit. Ein anderer Hinweis war, dass sich jemand ungerecht behandelt gefühlt hat im Sinne einer Abrechnung. Wir haben uns das daraufhin im Personalbüro angeschaut – das war nicht anonym – und man ist darauf gekommen, dass da wirklich etwas nicht gestimmt hat, dass da nur ein Missverständnis war. Solche Themen gehen vielleicht in der offiziellen hierarchischen Kette verloren, aber in der inoffiziellen Kette, wenn man Möglichkeiten bietet, kann man das gut abfangen.

FRAGE: Motivierte Mitarbeiter, sagt man ganz allgemein, sind der Grundstein für den Erfolg eines Unternehmens, das merkt dann auch der Kunde, der zufrieden ist. Können Sie das unterschreiben?

ELSNER: 100 Prozent! Im Endeffekt sind motivierte Mitarbeiter der Grundstein für den Erfolg eines Unternehmens. Darüber hinausgehend sind speziell wir in der Automobilzulieferindustrie natürlich sehr, sehr stark prozessorientiert, sind hier auditiert, dass die Prozesse wirklich stabil sind. Vor allem die Qualitätskennzahlen und die Qualitätssysteme, die wir haben, sind so beinhart in der Messung, dass sie jedes Akkordsystem, das Sie sonst kennen, das klassisch in irgendwelchen Refa-Themen ableitend vorhanden ist, bei weitem in den Schatten stellt. Es zählt beinhart nur, welche Qualität an den Kunden pünktlich ausgeliefert wird. Hier zählen keinerlei Ausreden, egal welcher Natur, inklusive Naturkatastrophen.

FRAGE: Zum Abschluss: Welche Aktivitäten zur Intensivierung Ihrer Kontakte zu den Kunden oder zu den Mitarbeitern planen Sie?

ELSNER: Also, wir nehmen unseren Kunden gegenüber einen klaren Standpunkt ein, der da lautet: Wir helfen bei der Entstehung des Produktes so frühzeitig wie möglich mit, um das Produkt prozesssicher und kostengünstig produzieren zu können. Das heißt, bei der Produktentstehung wollen wir bereits eingeladen werden, um hier wirklich kompetent mitzureden. Da haben wir klar ausgeprägt unsere Kernkompetenz. Wir haben hier – im Vergleich zu Eybl vor drei Jahren – eine wesentlich andere Position erarbeiten können. Die Kunden danken uns das dahingehend, dass die Vertrauensbasis eine ganz andere ist, als noch vor drei Jahren. Die Vertrauensbasis bedeutet, dass du öfter gefragt wirst, nicht nur um deinen Rat, sondern auch um deine Meinung zu gewissen Themen. Das bedeutet damit auch automatisch einen positiven Kreislauf für alle Beteiligten, was ebenso automatisch wieder dahin führt, dass der Mitarbeiter sich wichtiger fühlt und auch ist, als er jemals war. Ich will damit sagen, er produziert nicht etwas Anonymes, er produziert „sein“ Auto, auch wenn wir gar keine Autos herstellen. Aber wir gestalten die Innenräume der Autos mit, und das ist, glaube ich, eines unserer Geheimnisse, dass heute schon viele unserer Mitarbeiter sagen, wir bauen einen BMW, einen VW, einen Mercedes, einen Renault, einen Audi – was immer Sie wollen. Das ist im Endeffekt, glaube ich, eines jener Erfolgsgeheimnisse, dass wir uns in Wahrheit bewusst sind, dass wir hier für die wichtigsten, größten, aber auch schönsten Pkw dieser Erde beziehungsweise deren Erzeuger tätig sind.

Hans Frömbling

„plan – do – check – act"

*Oswald M. Klotz sprach mit Hans Frömbling,
Geschäftsführer Personal und Administration
der deutschen OBI Bau und Heimwerkermärkte
GmbH & Co. Franchise Center KG,
die auch in Österreich um die
Marktführerschaft kämpft.*

FRAGE: 1971 begann für Obi in einem kleinen Einkaufszentrum in Hamburg ein beispielloser Aufstieg: Damals hatte Obi zwölf Mitarbeiter, heute sind es 29.000 Beschäftigte in ungefähr 500 Baumärkten. Herr Frömbling, worauf gründet dieser Erfolg?

FRÖMBLING: Der Erfolg fußt auf drei Grundideen, die ganz konsequent umgesetzt worden sind. Erstens das Konzept der Gründer Dr. Emil Lux und Manfred Maus, zwölf Fachgeschäfte unter einem Dach zu haben – damals gab es noch keine großen Verbrauchermärkte. Irgendwann kamen die Gartencenter hinzu als Ausweitung des Sortiments, und heute auch Zooabteilungen, auch wieder als Arrondierung des Sortiments. Der zweite Erfolgsfaktor ist die rasche Expansion im Wege des Franchisings. Franchising ermöglicht, gemeinsam mit guten Partnern ein erfolgreiches Konzept schnell zu expandieren. Der dritte und vielleicht wichtigste Erfolgsfaktor ist, dass wir immer die Zufriedenheit des Kunden in den Mittelpunkt gestellt haben, und zwar von Anfang an. Das alles hat dazu geführt, dass Obi Marktführer ist in fast allen zehn Ländern, in denen wir derzeit vertreten sind.
Dazu kommen aber noch einige weitere Faktoren. Einmal muss das Konzept stimmen. Dann müssen Sie eine starke Marke aufbauen – Obi hat eine gestützte Markenbekanntheit von 94 Prozent, das ist unschlagbar im deutschen Handel. Dann muss eine gelungene Standortpolitik hinzu kommen, und dann brauchen Sie die Menschen, die das alles umsetzen.

FRAGE: Auf genau diese Menschen zielt meine nächste Frage ab. Obi steht heute in einem äußerst heftigen Wettbewerb. Da ist doch die Motivation der Mitarbeiter besonders wichtig. Was tun Sie dafür? Was leisten Sie, um die Mitarbeiterzufriedenheit zu halten oder sogar noch zu steigern?

FRÖMBLING: Obi hat eine Unternehmenskultur, in der den Mitarbeitern viel Verantwortung übertragen, aber im Gegenzug auch viel erwartet wird. Das führt dazu, dass unsere Mitarbeiter sehr eigenverantwortlich arbeiten und sehr motiviert sind. Das unterscheidet Obi, glaube ich, auch von anderen Unternehmen der Branche. Das gehört übrigens auch zur Kultur eines Franchiseunternehmens, denn Sie können ein Franchiseunternehmen nicht von oben nach unten durchregieren, sondern Sie müssen führen durch Überzeugung. Sie müssen eben immer wieder die Franchisepartner und die Mitarbeiter davon überzeugen, dass das richtig ist, was Sie machen.

FRAGE: Wie motivieren Sie nun die Partner und Mitarbeiter? Die große Eigenverantwortung kann ja nicht alles sein?

FRÖMBLING: Wir führen die Mitarbeiter, indem wir verlässlich sind, Vertrauen aufbauen und Leistung honorieren. Das sind dic Faktoren. Und das sagen wir nicht nur, das ziehen wir auch durch und das messen wir auch. Da gibt es das Mitarbeiterbarometer, das wir schon seit vielen Jahren jährlich durchführen. Die Zufriedenheit unserer Kunden messen wir mit dem Kundenbarometer. Und dann haben wir noch das Servicebarometer, wo wir die Zufriedenheit unserer Marktleiter und Franchisepartner mit den Dienstleistungen der Franchisezentrale messen. Wenn wir dann die Messergebnisse bekommen, dann werden die nicht nur angeschaut, sondern sie werden als Basis für Maßnahmen, für Verbesserungen genommen. So sind wir in einem jährlichen Qualitätskreislauf: plan – do – check – act.

FRAGE: Das klingt alles sehr schön, aber in einem Franchiseunternehmen können Sie ja nicht, wie es sonst Geschäftsführer oder Personalchefs tun, direkt auf Ihre Märkte durchgreifen. Wie handhaben Sie das?

FRÖMBLING: Das ist nicht allein meine Aufgabe, das ist Aufgabe der gesamten Systemzentrale. Nämlich die Franchisepartner von den Konzepten, die wir anbieten, so zu überzeugen, dass diese die Überzeugung weiter geben und umsetzen.

FRAGE: Die Selbständigkeit der Mitarbeiter in Ehren, aber auf der anderen Seite haben Sie ja eine starke Selbstbedienungsphilosophie. Ist da die Mitarbeiterorientierung genau so wichtig wie bei einem reinen Dienstleister?

FRÖMBLING: Sogar noch viel wichtiger. Wir sind im beinharten Wettbewerb, wir sind sehr qualitäts- und serviceorientiert. Das heißt, unsere Kunden erwarten von uns mehr Service als von anderen Baumärkten. Das müssen wir bedienen. Andererseits unterliegen wir Kosteneinflüssen. Die Aufgabe ist, mit einer begrenzten Mitarbeiteranzahl unsere Kunden bestmöglich zufrieden zu stellen. Für diese Aufgabe bereiten wir unsere Mitarbeiter vor. Wir schulen ganz gezielt, und zwar sowohl fachlich, als auch im Verkauf und in Bezug darauf, wie man die Kunden zufrieden stellt.

FRAGE: Wie sehen Ihre Umfrageergebnisse im Detail aus?

FRÖMBLING: Bei der Kundenzufriedenheit steigen die deutschen Obi-Märkte im Vergleich zu den Mitbewerbern in einer allgemeinen Umfrage am besten aus, was aber nicht heißt, dass es da nicht auch noch was zu verbessern gäbe. In einem Ranking nach dem Schulnotensystem eins bis fünf liegen wir bei zwei, während die anderen Baumärkte hinter uns liegen. Das ist sozusagen „die Abstimmung mit den Füßen".

Beim Mitarbeiterbarometer gibt es diese allgemeine Erhebung nicht. Dort liegen wir auf der Skala von eins bis fünf zwischen 1,5 und zwei. Das ist aber eine eigene Erhebung und nicht vergleichbar. Wichtig ist die Entwicklung, und die ist seit Jahren positiv.

FRAGE: Haben Sie für die Zukunft spezielle Pläne bezüglich Mitarbeiter- und Kundenorientierung?

FRÖMBLING: Wir haben im vergangenen Jahr die Mitarbeiter- und Kundenbefragung internationalisiert und auf alle Obi-Länder ausgeweitet. Das war der erste Meilenstein. Der zweite Meilenstein ist, dass wir künftig noch viel konsequenter mit den Ergebnissen umgehen, die Ergebnisse aus der Kundenbefragung ins Verhältnis setzen zu den Ergebnissen der Mitarbeiterbefragung. Und beides setzen wir in eine Relation zum wirtschaftlichen Erfolg des jeweiligen Marktes. Wir haben zu diesem Zweck ein Schulungsbudget, das wir zum Beispiel einsetzen zum Training der Mitarbeiter im Thema Führung, im Thema Verkauf, oft im Sinne eines Coachings, häufig direkt in den Märkten. Jede Führungskraft bekommt bei uns ihr eigenes Ergebnis. So können wir auch individuelle Entwicklungsmaßnahmen beschließen. Das genau ist der Weg, um die Qualität und damit letztendlich die Zufriedenheit zu steigern. Das Messen haben wir eingeführt, die konsequente Umsetzung ist jetzt der nächste Schritt.
Wir haben aber auch Wichtiges lernen müssen. Früher galt die These, dass eine hohe Mitarbeiterzufriedenheit auch eine hohe Kundenzufriedenheit zur Folge hat; und die Kundenzufriedenheit treibt das Ergebnis des Marktes. Wir haben aber feststellen müssen: Der Schluss ist so nicht richtig. Es treibt nur das Potenzial der Ausschöpfung, das heißt: Je motivierter, je engagierter die Mitarbeiter sind, desto besser schaffen sie es, das Potenzial des Marktes auszuschöpfen, sich gegen Wettbewerber durchzusetzen. Das heißt aber nicht zwangsläufig, dass dieser Obi-Markt auch

der Erfolgreichste sein muss. Ich gebe Ihnen ein Beispiel: Im kaufkräftigen Süden Deutschlands haben wir Märkte, die laufen hervorragend, liegen aber bei den Kunden- und Mitarbeiterzufriedenheiten im Konzernvergleich nicht an erster Stelle. Hingegen haben wir im kaufkraftschwachen Osten der Republik Märkte, die liegen in der Zufriedenheit von Kunden und Mitarbeitern ganz hervorragend, sind aber wegen der mangelnden Kaufkraft der Menschen dort nicht vergleichbar erfolgreich.

Mit anderen Worten: Zu einer hohen Mitarbeiter- und Kundenzufriedenheit müssen auch die richtigen Rahmenbedingungen hinzu kommen.

Dipl.-Ing. Dr. Boris Nemsic

„Motivation ist kein Zustand, sondern eine dauernde Aufgabe"

Oswald M. Klotz sprach mit Dipl.-Ing. Dr. Boris Nemsic, der seit dem Jahr 2000 als Generaldirektor (CEO) der Mobilkom Austria AG, dem Marktführer der Mobiltelefonie in Österreich, vorsteht. Nemsic ist seit 2002 auch COO der Telekom Austria.

FRAGE: Herr Nemsic, Sie sind nun rund fünf Jahre Generaldirektor der Mobilkom Austria. Ihre wahrscheinlich schwierigste Aufgabe war es doch, Ihre Mitarbeiter aus einer quasi „staatlichen" Mentalität als Ex-Post-Beamte herauszulösen und diese Mentalität in eine serviceorientierte Dienstleistungsgesellschaft umzuwandeln. Wie haben Sie das angestellt?

NEMSIC: Die Mobilkom ist eigentlich durch eine positive Auslese entstanden. Als man 1996 die Mobilkom gegründet und aus den alten Strukturen herausgelöst hat – ich war damals ja noch nicht dabei, hat man auf einer freiwilligen Basis Mitarbeiter eingeladen, sich in ein – ich nenne es jetzt einmal so – Abenteuer zu stürzen. Die Strukturen waren ganz anders. Es gab die PTA, das Post- und Telegrafenamt, geschichtlich so gewachsen. Dann kam der Aufruf, etwas Neues zu beginnen. Das war schon ein positiver Schritt. Ein unglaubliches Wachstum war dann die Herausforderung. Nicht nur ein Wachstum des Unternehmens, sondern ein Wachstum der gesamten Industrie. Im Rahmen dieses Wachstums ist es auch zu einer gesunden Vermischung gekommen – Leute von außen, Leute von innen, Leute mit Erfahrung in der Branche, Leute aus ganz anderen Branchen. Und damit ist eine Mischung zusammengekommen, die sehr offen war, etwas Neues zu machen. Wenn man diesem Moment durch gemeinsame Erfolge einen positiven Spin gibt, dann kommt man in die angenehme Situation, dass die Leute motiviert sind. Das ist natürlich kein Zustand, das ist vielmehr eine dauernde Aufgabe, diese Motivation zu erhalten und zu unterfüttern. Was zugegebener Maßen damals, etwa bis zum Jahr 2000, viel leichter war, als heute, wo wir uns in einem saturierten Markt befinden, wo die Branche eigentlich mit sehr großen Problemen zu kämpfen hat, weil man neben Liberalisierung und hartem Wettbewerb künstlich ein Überangebot erzeugt hat. Und das ist für die Mitarbeiter eine sehr demotivierende Sache.

Frage: Sie sagen, es ist eine dauernde Aufgabe, die Motivation zu erhalten und vielleicht auch noch zu steigern. Wie gehen Sie das an, was tun Sie dafür?

Nemsic: Das Unternehmen, die Mitarbeiter, müssen wissen, wofür sie stehen. Wenn man weiß, wofür man steht, dann kann man das auch klar nach außen und nach innen transportieren. Ich würde sagen, der Transport nach außen funktioniert nicht, wenn die Leute innen das nicht verstehen und leben. Durch eine gute Werbung, durch einen Gag können Sie vielleicht ein bis zwei Mal etwas nach außen tragen, was schön erscheint, nur: der Beweis-Nachweis, der ist zwingend. Wenn Sie den nicht erbringen, dann sieht es schlecht aus. Uns ist es gelungen, durch die sehr konsequente Art, wie wir vorgehen, alle Mitarbeiter auf unseren Weg einzuschwören. Und wenn wir selbst daran glauben, dann ist es viel leichter, das nach außen zu tragen.

Frage: Können Sie mir Beispiele dafür nennen, wie Sie Ihre Mitarbeiter einschwören, wie Sie es nennen?

Nemsic: Es gibt viele Mechanismen, das zu tun. Ich rede da nicht nur von sozusagen offiziellen Wegen, wie kick-offs, wie Strategiebesprechungen, wie Performancedialoge, wir haben da auch verschiedene Diskussionsforen, Mitarbeiterbefragungen, usw. Das sind aber nur die Werkzeuge. Die Hauptsache ist die, dass die erste Botschaft klar sein muss: Wir sind die Innovations- und Qualitätsführer. Mit dieser einfachen Message – die zu erfüllen aber gar nicht so leicht ist – geben wir den Anker für die Orientierung.
Unglaublich wichtig ist die interne Kommunikation. Die interne Kommunikation hat nur den „Nachteil", dass sie nie gut genug ist. Ich kenne keine Firma, keinen Manager, keinen Mitarbeiter, der gesagt hat: das habe ich gelöst, das ist erledigt, das ist super. Denn auch wenn es super ist, ist

es nicht gut genug. Denn Sie haben immer Leute, die z.B. drei Wochen im Urlaub waren und einen Informationsnachholbedarf haben. Wir haben sehr komplexe Prozesse, das heißt, ich kann nicht alles wissen. Aber alles, was ich nicht weiß, erscheint mir als ein Manko. Man dreht sich wie in einem Hamsterrad und man muss immer, immer laufen. So ist die interne Kommunikation aus meiner Sicht ganz anders zu bewerten. Da gibt es keinen Einser. Man muss versuchen, den Zweier zu halten und nach dem Einser greifen. Aber das System ist so, dass man keinen Einser bekommen kann. Ich versuche also, das zu erreichen, was nicht erreichbar ist, aber das ist eigentlich eine Frage der Definition. Wenn das dem Unternehmen bewusst ist und man deswegen nicht resigniert, wenn die Mitarbeiter den Eindruck gewinnen, ja, man tut alles, um diesen virtuellen Einser zu erreichen, dann wird es goutiert, dann ist es positiv angekreuzt.

FRAGE: Wie checken Sie, ob Ihre Mitarbeiter zufrieden oder unzufrieden sind?

NEMSIC: Es gibt, wie schon gesagt, sehr viel interne Kommunikation, es gibt sehr viele Umfragen, wobei das natürlich immer nur Momentaufnahmen sind. Sehr oft geben die Diskussionsforen die Stimmung weiter. Das tun auch Diskussionen mit den Personalvertretern und mit dem Management. Man kann das dann in ein Schulnotensystem bringen. Da sieht man dann die Trends, aber ich glaube nicht, dass man daraus einen absoluten Wert herauslesen kann. Man muss auch im internen Umgang innovativ sein. Beispiel: Wir verkaufen draußen „mobile working“, aber wir sind doch die Ersten, die das anwenden müssen. Wenn das gut angenommen wird, dann geht eine Welle der Zufriedenheit durch die Belegschaft. Keinesfalls soll man die Zu-

friedenheit der Mitarbeiter kaufen, etwa über Gehälter oder french benefits, usw., sonst zahlt man irgendwann bitter drauf. Deswegen ist es mehr die Frage: Wie serviciere ich die Mitarbeiter optimal, um dort, wo es möglich ist, Zustände zu verbessern?
Wir haben alle zwei Jahre Mitarbeiterbefragungen, die sehr ausgeklügelt sind, und da kommen ganz interessante Trends zu Tage. Und die Trends hängen auch ein wenig mit der Kultur des Landes, nicht nur mit der Kultur des Unternehmens, zusammen. Im Jahr 2000, als ich die Mobilkom übernommen habe, gab es gerade so eine Umfrage. Wie war es bis jetzt? Die Antwort: Phantastisch, hurra, alles war brillant, usw., es waren ja die Boomjahre. Wie wird die Zukunft? Antwort: Ah, schwer, die Märkte werden gesättigt sein, die Konkurrenz hart. Zwei Jahre danach – genau das Gleiche: die Vergangenheit brillant, wunderschön, super! Wie wird es weiter gehen? Ah – schlimm, schlimm, schlimm! Und ich sage: Dieser Zukunftspessimismus kommt nicht aus dem Unternehmen. Der kommt auch nicht aus der Branche. Das ist eine Einstellung, die gehört sozusagen irgendwie zum guten Ton. Und somit ist es für mich dann wichtiger zu sagen: „Danach? War doch alles super!" Und es ist dann auch sehr leicht für mich, den Mitarbeitern zu sagen: Leute, wir haben uns vor nichts zu fürchten. Wir haben doch schon drei Mal gedacht, es wird nicht gut – und jedes Mal haben wir es geschafft – wo ist der Unterschied für die nächsten zwei Jahre? Meistens lachen dann die Leute und sagen: Passt eh.

FRAGE: Was ist denn der Mobilkom die Motivation ihrer Leute wert? Können Sie das irgendwie beziffern?

NEMSIC: Ich glaube, es liegt in der menschlichen Natur, dass der Mensch motiviert werden will. Ich habe einen Teil dieser Antwort schon vorweg genommen. Man soll die Motivation nicht kaufen, sie ist sehr viel wert. Aber womit ich sie erreiche, das ist etwas ganz anderes. Nehmen wir ein Beispiel: Einen Erfolg gemeinsam zu feiern, ist genau so viel wert, wie diesen Erfolg zu erreichen. Denn ein Erfolg, den man am Markt hat, wenn man zum Beispiel expandiert, das ist das Ergebnis harter Arbeit. Das muss man den Mitarbeitern bewusst machen, auch jenen, die vielleicht an dem konkreten Fall nicht mitgearbeitet haben. Es ist immer unser aller Erfolg. Es gibt keinen Erfolg von Abteilung A oder B oder des Vorstandsbereiches allein. Wer so denkt, der hat nur einen Teil der Erfolge. Wir feiern den Erfolg aller. Dieses Bewusstsein muss man erreichen, dass die Leute die Erfolge von Kollegen genauso feiern wie die eigenen. Das steigert die Motivation. Und wenn man es im Konkreten auf Wert bezieht, glaube ich, dass die Benefits stimmig sein müssen. Wir leisten zum Beispiel einen fünfprozentigen Firmenbeitrag zur Altersvorsorge. Man muss den Leuten auch die Möglichkeit zum Socialising geben, etwa eine Kantine, wo man gerne hingeht und nicht sagt: Um Gottes Willen, schon wieder eine Kantine! Es soll ein Platz sein, wo eine offene Atmosphäre herrscht, wo alle sind. Wir haben zum Beispiel keinen abgegrenzten Bereich, etwa ein Direktionszimmer, in der Kantine. Das hat in unserer Firmenkultur keinen Platz.

Es muss aber auch eine – nennen wir es „produktive Unzufriedenheit“ geben. Sprich: ein Bestreben zum Besser-Werden. Nur: Das Besser-Werden auf Kosten des Kollegen, des Anderen, bringt nichts. Wir sind eine für österreichische Verhältnisse große Firma. Wir sind, durch die Natur unseres Geschäfts, auch eine sehr komplexe Firma. Eine der größten Aufgaben liegt eben darin, dass man sich nicht nur nach innen orientiert, sondern gemeinsam nach außen. Das heißt jetzt nicht, dass man sich im Innenverhältnis nicht respektiert und als Kunde behandelt. Aber der Erfolg kann nicht der Erfolg einer Gruppe sein. Es gibt natürlich Projekte, wo eine Gruppe den Lead hat. Aber es kann nicht sein, dass einer sagt, ich habe meinen Plan erreicht und alles andere interessiert mich nicht. Das hinüber zu bringen ist sehr schwer, sehr zeitintensiv und sehr arbeitsintensiv. Ich glaube aber, dass wir es in den letzten Jahren recht gut geschafft haben, dieses Wir-Gefühl zu stärken, und zwar nicht nur innerhalb der einzelnen Bereiche, sondern auch innerhalb der gesamten Mobilkom Austria Gruppe. Das heißt, jedes Produkt, jede Beschaffung, jede Idee wird durchdacht, nicht nur innerhalb eines betroffenen Bereiches der Mobilkom Austria, sondern innerhalb der Mobilkom Austria Gruppe. Nur wenn es uns gelingt, über die nationalen Grenzen hinaus zu denken, dann sind wir gut. Wenn ich sage denken, dann meine ich nicht Top-Down. Das gemeinsame Denken ist das, was man braucht.

FRAGE: Haben auch Sie die Erfahrung gemacht, dass zufriedene Mitarbeiter auch zufriedene Kunden „erzeugen"?

NEMSIC: Mitarbeiter sind Menschen, die miteinander arbeiten. Wenn sie ihren Tagesablauf geistig ihren Kunden gegenüber wie gegenüber ihren Kollegen planen und gestalten, dann wird sich der Kunde gut behandelt fühlen. Wenn man das innerhalb der Firma nicht schafft, geht die negative Energie auch auf den Kunden über. Ich bin gegen Profit Centers. Wir sind kein Industriebetrieb, der Teile erzeugt und diese Teile an eine andere Abteilung verkauft. Das ist zwar ein legitimes Modell für manche Industrien, für uns aber nicht. Wir sagen: Der Kunde ist im Mittelpunkt. Ich muss bei jedem Handeln schauen, wer mein Kunde ist. Manchmal ist das mein Kollege, manchmal ein Kollege in einem anderen Land innerhalb der Gruppe, im Endeffekt ist es aber der externe Kunde. Es gibt meiner Erfahrung nach kein Unternehmen, wo die Mitarbeiter im Innenverhältnis unzufrieden sind und nach außen erfolgreich.

FRAGE: Messen Sie auch die Kundenzufriedenheit?

NEMSIC: Ich glaube, es ist die Natur der Mobilkommunikation, dass wir alles messen. Ja, wir messen das. Ich glaube aber nicht, dass man das in absoluten Werten messen kann. Man kann nicht einfach behaupten, 2,3 ist besser als 2,5 – wichtig sind die Trends. Es kann durchaus sein, dass man sich im gesamten Industrieumfeld unwohl fühlt, es aber im Innenverhältnis besser wird.

FRAGE: Gibt es mittelfristig irgendwelche Vorhaben zur Hebung der Mitarbeiter- und Kundenzufriedenheit? Oder geht einfach alles den gewohnten Gang, weil es ja so gut läuft?

NEMSIC: Ob es gut läuft, das ist erst die Frage. Es ist ja nie gut genug. Der Mind-set muss eine kontinuierliche Veränderung und Verbesserung sein. Mit dem Erreichten kann und soll man zufrieden sein, und man muss es, wenn es gut ist, auch feiern. Aber im Hintergrund muss immer das Bestreben zur Verbesserung da sein. Ich spreche da nicht von Zahlen, die sind in den Business-Plänen sowieso abgebildet. Es hängt sehr viel davon ab, wie sich das Umfeld zeigt – wir sind ja alle nur Menschen. Wie ist die Wirtschaft in Österreich? Wie in Europa? Wie viele Arbeitslose gibt es? Das sind doch Fakten, die beeinflussen. Deswegen kann man nicht autistisch sagen: Ich mache für mein Unternehmen Plan A für die nächsten drei Jahre, egal, was draußen passiert. Spitzenleistungen sind nur zu erzielen – und wir sind zu Spitzenleistungen berufen, ja sogar verdammt, wenn Management, Mitarbeiter und der Eigentümer an einem Strang ziehen. Verdammt, das soll heißen, wir sind

Qualitäts- und Innovationsführer und das zwingt uns zu Spitzenleistungen. Wenn wir die nicht anstreben, dann sind wir unglaubwürdig in unserer Positionierung. Unsere Positionierung ist aber jener Punkt, den ich greifen kann und sagen: mit dem gehe ich weiter. Und was die mittlere Zukunft betrifft, bin ich, zumal mit diesem Team, sehr zuversichtlich.

Gemeinsamkeiten

So unterschiedlich die Firmenziele und der Zugang der einzelnen befragten Spitzenmanager zur Thematik Mitarbeiter- und Kundenorientierung auch sein mögen: Aus jedem dieser intensiv geführten Gespräche wird klar, dass an diesem Thema kein Weg mehr vorbei führt. Und wenn man auch in jedem einzelnen Unternehmen unterschiedlich an diese Frage herangeht, so kann man das Ergebnis – angelehnt an Albert Einsteins weltberühmten Lehrsatz – durchaus auch als mathematische Formel darstellen:

$$E=m.k^2.$$

In Worten ausgedrückt lautet das Geheimnis des Erfolgs:

Erfolg ist immer das Produkt aus Mitarbeiter- und gesteigerter Kundenorientierung.

Das EUCUSA-Modell und die EUCUSA-Erfolge in Zusammenarbeit mit ihren zufriedenen Klienten sprechen da eine glasklare Sprache.

Das EUCUSA-Modell

Modelle zur Messung von Mitarbeiter- und Kundenzufriedenheit gibt es reichlich. Es ist hier nicht zielführend, auf alle Vor- und Nachteile, Hintergründe und Entwicklungsgeschichten einzugehen. Als wir begonnen haben, uns mit dem Thema Mitarbeiterbefragung auseinander zu setzen, hat einer unserer Mitarbeiter bei der Fraunhofer-Gesellschaft gearbeitet. Dort galt es damals, für einen großen deutschen Konzern eine geeignete Form der Mitarbeiterbefragung zu entwickeln, zu implementieren und in verschiedenen Werken zu erproben.
Zunächst wurde dazu die gesamte Literatur studiert, dann wurden in Form von Tiefeninterviews in sehr unterschiedlichen Unternehmen die Erfahrungen mit diversen Formen der Mitarbeiterbefragung gesammelt. Es entstand ein Modell, das von EUCUSA übernommen werden konnte und sich seit 1996 zum heute bewährten EUCUSA-Modell entwickelt hat.
Das Modell wird ständig weiter optimiert. Die Projekte in der betrieblichen Praxis geben uns dazu reichliche Anregungen. Der wissenschaftliche Austausch mit verschiedenen Forschungseinrichtungen und die Verfolgung der Literatur inspirieren ebenso.

Grundgedanken

Dem EUCUSA-Modell liegt die generelle Erfahrung zugrunde, dass bei Erfüllung klarer Anforderungen Mitarbeiterzufriedenheit entsteht. Zufriedene Mitarbeiter zeigen in der Regel mehr Motivation, was sich letztendlich in einem geringeren Krankenstand und einer gesteigerten Performance festmachen lässt.

Relevante Dimensionen und Aspekte

Für die linke Seite gibt es sehr viele mögliche Themen. Die meisten Autoren verwenden eine Gliederung in Dimensionen (Überschriften) und Aspekte (Fragestellungen). Borg (2000) hat dazu eine Zusammenstellung erarbeitet, auf die hier verwiesen werden soll, bevor die EUCUSA-Dimensionen näher beschrieben werden.

Traditionelle Standardthemen

Diese Themen sind im Prinzip die Arbeitsgebiete, die von der Arbeitszufriedenheitsforschung als relevant herausgearbeitet wurden (Fischer, Lück 1972; Neuberger, 1974; Neuberger, Allerbeck 1978).

Arbeitsbedingungen
Platz, Lärm, Licht, Luft, Arbeitsmittel, Werkzeuge, Gesundheitsschutz, Sauberkeit, Schadstoffe, Arbeitsabläufe, etc.

Ziele, Aufgaben
Klarheit, Interessantheit, Menge, Herausforderung, Arbeitsbelastung, Handlungsfreiraum, Zielvereinbarung, Selbständigkeit, Ganzheitlichkeit, Einbindung, Nutzung der Qualifikation, etc.

Entwicklung
Einarbeitung, Weiterbildungsangebot (Qualität, Quantität, Nutzungsmöglichkeit), Lernen im Job, Förderung Entwicklungsmöglichkeiten, Aufstiegschancen, Chancengleichheit, etc.

Entlohnung
Entgelthöhe, Gerechtigkeit, Angemessenheit, Marktbezogenheit, Leistungsbezogenheit, Systemtransparenz, etc.

Kollegen, Team
Arbeitsklima, Teamgeist, gegenseitige Unterstützung, gegenseitige Vertretung, Verlässlichkeit, Kompetenz, Vertrauen, Konfliktkultur, etc.

Direkter Vorgesetzter
Motivierung, Feedback über Leistung, Unterstützung, Förderung, Vertrauen, Klarheit der Ziele, Entscheidungsfindung, Fairness, sachliche Härte, fachliche Qualifikation, Führung der Arbeitsgruppe, Maßnahmenumsetzung, etc.

Höhere Führungskräfte
Klare Zielsetzungen und Visionen, Klarheit und Stimmigkeit der Strategie, Sichtbarkeit, Entscheidungsfindung, Vertrauen, Integrität, Durchsetzungsfähigkeit, etc.

Information und Kommunikation
Qualität der Information über Konzern / Unternehmen / Bereich / Abteilung / Zentrale / Geschäftsstelle, Rechtzeitigkeit, Holschuld versus Bringschuld, Information über Veränderung, Information zu wichtigen Themen, Informationsquellen und -systeme, Gerüchte, gezieltes Wissensmanagement, etc.

Unternehmen
Klarheit der Organisation, Rollenkonflikte, Schnittstellen zwischen Bereichen und Arbeitsgruppen, Betriebsabläufen, Stolz auf Unternehmen, Vereinbarungsqualität, Fluktuationsneigung, Unternehmen als guter Arbeitgeber, etc.

Entstehende und vergehende Standardthemen

Im Laufe der Jahre entstehen immer wieder neue Themenblöcke, die teilweise genauso schnell wieder vergehen. Im Folgenden sind einige davon aufgeführt:

Unternehmenskultur
Fragen zu allgemein akzeptierten Werten im Unternehmen, Gelebte Normen und Werte, Firmenphilosophie, Behandlung von Minderheiten etc. (vgl. BLEICHER 1984)

Produktivität
Kosten/Nutzen-Denken, Betonung von Produktivität, Verschwendung, Mess- und Feedback-Kultur, systematisches Leistungsmanagement, etc.

Qualität
TQM-Philosophie, Wahrnehmung von TQM-Programmen, Nutzen der TQM-Programme, etc.

Veränderungs-Management
Entscheidungsfindung, Einbindung, Vorbereitung auf Veränderungen, strategische Ausrichtung, Partizipation, etc.

Kundenorientierung
Vermeintliches Image beim Kunden, Servicementalität, Liefertreue, Flexibilität, etc.

Reorganisationen
Ängste und Hoffnungen bei Veränderungen, Integration in andere Einheiten, Regionalisierung, Zentralisierung, etc.

Neuere psychologische Themen

Innerhalb der Organisationspsychologie haben sich in den vergangenen Jahren eine Reihe von Themen entwickelt, die oft in Mitarbeiterbefragungen aufgegriffen werden.

Empowerment
Kalkulatives und affektives Commitment, Arbeitsinvolvement, Entfremdung, Mitbestimmung, kooperative Entwicklung von Zielen und Strategien, Übernahme von Verantwortung, Verantwortlichkeit für Arbeitsergebnisse, Förderung von Fertigkeiten für herausfordernde Tätigkeiten.

Arbeitsplatzunsicherheit
Belastung durch den möglichen Arbeitsplatzverlust oder positiven Arbeitsmerkmalen, Ausmaß sozialer Unterstützung, Abhängigkeit vom direkten Vorgesetzten, etc.

Stress, Burnout
Arbeitsüberlastung, Überstunden, Frustration, Kontrolle, Handlungsspielräume, Überforderung, Angst vor Vorgesetzten, Verunsicherung, Worklifebalance, etc.

Organisationsbürger-Verhalten
Dienst nach Vorschrift, Identifikation mit der Organisation, Identifikation mit dem Wertesystem, ethisches Verhalten, Bereitschaft zur Unterstützung Anderer, Bereitschaft zur Leistung über das Minimum hinaus, Teilen von Informationen und Wissen, Engagement in Meetings, etc.

Selbstwertgefühl der Organisation
Rolle in der Organisation, „Kleines-Rädchen-Symptom“, Machtlosigkeitsgefühl, Respekt und Anerkennung, Vertrauen von Seiten der Führung, Kontrolliert-Werden, etc.

Gerechtigkeit bei der Arbeit
Ausgewogene Entscheidungsfindung, Fairness, Gerechtigkeit von Entlohnungssystemen, Leistungsbeurteilung, etc.

Psychologischer Kontrakt
Einhaltung von Versprechen, Sicherheit des Arbeitsplatzes, etc.

Vertrauen in das Unternehmen
Vertrauen zur Geschäftsleitung, Kompetenzbeurteilung der Führungskräfte, Integrität der Führung, Konsistenz von Tun und Sagen, Glaube an die Wettbewerbsfähigkeit, Sorgen um die Zukunft, etc.

Arbeit und Familie
Auswirkungen der Arbeitsbelastung auf das Familienleben, Vereinbarkeit von Arbeit und Familie, Kinderbetreuung, Telearbeit, Doppelkarrieren, etc.

Die Liste ließe sich noch weiter fortsetzen, doch sie würde nur zur Verwirrung beitragen. Die hohe Kunst besteht darin, die richtigen Dimensionen und Aspekte für das konkrete Unternehmen abzufragen.
Neben dem Streben nach einem unternehmensspezifischen Fragebogen besteht jedoch auch die Herausforderung, die Ergebnisse mit denen anderer Unternehmen vergleichen bzw. benchmarken zu können, was wiederum eine gewisse Standardisierung erfordert.

Aus diesem Grund ist das hier beschriebene Modell modular aufgebaut. Es existieren Kerndimensionen, die bei nahezu jedem Projekt zur Anwendung kommen. Diese können um unternehmensspezifische Zusatz-Dimensionen erweitert werden (siehe Abbildung 4).

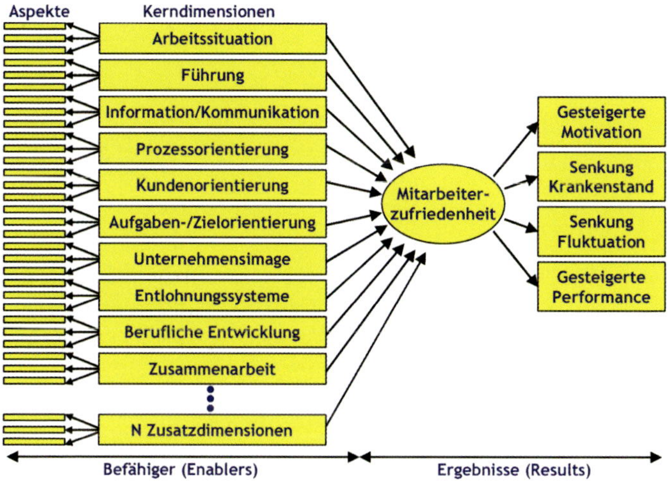

Abbildung 4: EUCUSA-Modell zur Messung von Mitarbeiterzufriedenheit

Der Aufbau eines Fragebogens

Der generelle Aufbau eines Fragebogens nach dem EUCUSA-Modell beinhaltet folgende Abschnitte (vgl. Tabelle auf Seite 124):

- Auf der Einleitungsseite werden Ziele und Rahmenbedingungen von Unternehmensleitung und Betriebsrat beschrieben. Der Befragte soll Klarheit erhalten, was zu tun ist.

- Es folgen die ausgewählten Aspekte, die in Aussageform auf einer Skala zu bewerten sind.
- Die relevantesten Aspekte werden im Anschluss abgefragt.
- Es folgen Zusatzfragen, die auch anders skaliert werden können.
- Platz für eine freie Texteingabe ist vorzusehen. Hier werden Kommentare zugelassen, welche nicht statistisch auswertbar sind, sondern in einem Kommentarband gesammelt werden.
- Die Demoskopie schließt den Fragebogen ab.

Einführungstext Sinn und Zweck, Vorgehen, Ausfüllanleitung
Zufriedenheitsaussagen Ca. 50–70 Aussagen, deren Zustimmung/Ablehnung befragt wird
Wichtigkeitsabfrage Die sechs bis acht wichtigsten Aspekte werden erfragt
Zusatzfragen Hier können Fragen zu aktuellen Ereignissen gestellt werden
Offene Fragen Raum für Kommentare und Anregungen
Demoskopie Fragen zur Einteilung der Antwortenden in Auswerteeinheiten

Tabelle 2: Genereller Aufbau eines EUCUSA-Fragebogens

Aussagen zur Zufriedenheits-Beurteilung

Im Folgenden sind die Kerndimensionen des EUCUSA-Modells mit ihren Aspekten aufgeführt. Die richtige Auswahl der Aspekte und das Formulieren der Fragen bzw. Aussagen in der Sprache des Unternehmens (Führungskraft oder Vorgesetzter, Abteilung oder Team, etc.) bildet den Kern eines Fragebogens. Wie dies gelingt, wird später beschrieben.

Dimension Arbeitssituation

- Arbeitsbedingungen
- Arbeitseinteilung
- Arbeitsklima
- Arbeitsmittel
- Arbeitstempo
- Arbeitszeitregelung
- Beruf und Familie
- Betriebsrat
- Einsatz der Qualifikationen
- Gefallen an der Arbeit
- Gestaltungsfreiheit
- Interesse an der Arbeit
- Kantine
- Kenntnis der Erwartungen
- Können einsetzen
- Schwierigkeitsgrad der Arbeit
- Sicherer Arbeitsplatz
- Sicherheit am Arbeitsplatz
- Überforderung

Dimension Führung

- Einbeziehen in Entscheidungen
- Eingehen auf private Belange
- Eingreifen der Führungskraft
- Einhalten von Zusagen

- Feedback der Führungskraft
- Feedback über Leistung
- Förderung der beruflichen Entwicklung
- Förderung externer Kooperation
- Förderung interner Kooperation
- Förderung Wissensmanagement
- Hinweis auf Sicherheit
- Interesse für Person
- Kritik in Gegenwart anderer
- Lob und Anerkennung
- Mitarbeiter ist Kapital
- Mitarbeitergespräch
- Offenheit für Vorschläge
- Qualität Mitarbeitergespräch
- Umgangsformen der Führungskraft
- Ungerechtfertigte Kritik
- Unterstützung bei Problemen
- Wertschätzung
- Zeitmanagement der Führungskraft
- Zufriedenheit mit Führungskraft
- Zufriedenheit mit nächst höherer Ebene
- Zufriedenheit mit Vorstand/Geschäftsleitung

Dimension Information und Kommunikation

- Arbeitsanweisungen
- Arbeitsrelevante Informationen
- Betriebliches Vorschlagswesen
- Eigene Meinung zählt
- Entscheidungsinformation
- Erfolgsorientierung
- Fehlerkultur
- Häufigkeit von Meetings
- Information über Veränderungen
- Informationsquellen

- Klarheit Arbeitsanweisungen
- Konzerninformation
- Lernunterstützung
- Mitarbeitergespräch
- Offenheit gegenüber Führungskraft
- Offenheit in der Organisationseinheit
- Offenheit zwischen Kollegen
- Organisationsstruktur
- Qualität von Meetings
- Transparenz der Arbeitsorganisation
- Unternehmensinformation
- Unternehmenstransparenz
- Wissen über die Basis durch Leitung
- Wissensmanagement

Dimension Prozessorientierung
- Abläufe in anderen Abteilungen
- Beitrag zum Unternehmenserfolg
- Effiziente Arbeitsweise
- Erläuterung der Arbeitsabläufe
- Ermutigung zur Verbesserung
- Förderung Verbesserungsmaßnahmen
- Freiraum zur Verbesserung
- Kontinuierliche Verbesserung
- Organisation Arbeitsablauf
- Prozesswissen
- Unbürokratische Entscheidungen
- Verbesserungsmaßnahmen
- Verbesserungs-Workshops
- Wirtschaftlichkeit der Arbeitsabläufe

Dimension Kundenorientierung
- Ausrichtung am Kunden
- Flexibilität

- Info über Kundenzufriedenheit
- Mitarbeiter ist Kunde
- Mitarbeiter ist Partner
- Reklamationen als Chance
- Zufriedenheit externer Kunden
- Zufriedenheit interner Kunden
- Zufriedenheit mit meinen Leistungen

Dimension Aufgaben und Zielorientierung
- Aktive Zukunftsgestaltung
- Beitrag zum Erfolg
- Firmenziele
- Klarheit der Aufgaben
- Leitbild
- Organisation unterstützt Zielorientierung
- Qualität als Ziel
- Verantwortung und Entscheidungsbefugnisse
- Verantwortung und Kompetenz
- Verantwortungsbereich
- Ziele der Unternehmensgruppe
- Ziele zeigen Wichtigkeit
- Zielorientiertes Arbeiten
- Zielvereinbarung

Dimension Unternehmensimage
- Erneute Bewerbung
- Meinung der Kunden
- Öffentliche Meinung
- Stolz
- Umweltschutz
- Unternehmensmeinung
- Weiterempfehlung
- Wettbewerbsfähigkeit
- Zukunftssicherheit

Dimension Entlohnungssystem

- Leistungsgerechte Entlohnung
- Lohn- / Gehaltsdifferenzierung
- Lohn- / Gehaltsniveau
- Lohn- / Gehaltsystem
- Sozialleistungen
- Zufriedenheit mit Gehalt

Dimension Berufliche Entwicklung

- Fachliche Ausbildung
- Förderung der beruflichen Entwicklung allgemein
- Gewünschte Position
- Gewünschte Tätigkeit
- Informationen zu Beförderungen
- Karrieremöglichkeiten
- Klarheit der Karriere
- Klarheit von Kriterien
- Längerer Anfahrtsweg
- Neue Mitarbeiter
- Neues lernen
- Tätigkeitsveränderung
- Verantwortungserweiterung
- Weiterbildungsangebot
- Weiterbildungsnutzung
- Zeit für Weiterbildungsnutzung

Dimension Zusammenarbeit

- Feedback unter Kollegen
- Gegenseitige Unterstützung
- Hilfsbereitschaft
- Meinungsverschiedenheiten mit Führungskraft
- Meinungsverschiedenheiten unter Kollegen
- Notwendigkeit zur Kooperation
- Teamgeist

- Zusammenarbeit mit Führungskraft
- Zusammenarbeit mit Organisationseinheiten
- Zusammenarbeit zwischen Abteilungen

Neue Dimensionen

Im Laufe der Zeit haben sich neue grundlegende Themenblöcke gebildet, die eine besondere Relevanz für Mitarbeiterzufriedenheit aufweisen. Sie können den Erklärungsgrad von Befragungsergebnissen maßgeblich positiv beeinflussen.

Gesundheitsvorsorge
- Bewegungsbewusstsein
- Entspannungsbewusstsein
- Ergonomie
- Ernährungsbewusstsein
- Gesundheit der Mitarbeiter
- Gesundheitsförderung
- Healthness-Angebotsnutzung
- Ruhe-Angebot

Ökologie
- Abfallvermeidung
- Abwasser
- Effiziente Energienutzung
- Eigener Umweltschutzbeitrag
- Ökologie als Ziel
- Ökologie hat Priorität
- Ökologie und Gewinn
- Umgang mit gefährlichen Stoffen
- Umweltschonung
- Umweltverträgliche Rohstoffe
- Vermeidung von Emissionen

Zufriedenheit und Wichtigkeit

Das Wissen über die Zufriedenheit der Mitarbeiter ist eine wesentliche Grundlage zur Ableitung von Maßnahmen. Offen bleibt die Frage, welche Aspekte in den Augen der Mitarbeiter so wichtig sind, dass sie mit hoher Priorität bearbeitet werden müssen. Welche Themen einen hohen Einfluss auf Zufriedenheit haben.
Die Konzentration auf jene wenigen Aspekte, die eine hohe Wirkung bei der Erarbeitung und Umsetzung von Maßnahmen erwarten lassen, ist auch mit den begrenzten Ressourcen eines wirtschaftenden Unternehmens vereinbar. Aus diesem Grund wird im EUCUSA-Modell neben der Zufriedenheit auch die Wichtigkeit der Aspekte erfragt. Die beiden Achsen Zufriedenheit und Wichtigkeit spannen das Handlungsportfolio auf, das unmittelbar zeigt, auf welche Faktoren fokussiert werden sollte (Abbildung 5).
Die Zufriedenheit wird nach rechts aufgetragen, die Wichtigkeit nach oben. Jene Aspekte, die im oberen Bereich des Handlungsportfolios liegen, sind jedenfalls wichtig. Jene im unteren Bereich sind teilweise unwichtig, meist aber selbstverständlich. Das Lob und die Pflege der strategischen Vor-

Abbildung 5: Handlungsportfolio

teile sowie die Konzentration auf die akuten Nachteile lässt eine überschaubare Anzahl an Handlungsfeldern herausfiltern. Ein Verzetteln in unwirksame Aktivitäten wird verhindert.

Zusatzfragen und Kommentarfeld

Die Zusatzfragen müssen nicht zwingend eine Sechserskala haben. Oft werden „Ja/Nein-Fragen" gestellt wie z.B. „Lesen Sie die Mitarbeiterzeitung?" Mögliche Zusatzfragen sind zum Beispiel:

- Gesamtzufriedenheit (sollte jedenfalls gestellt werden)
- Erwartungen an die Mitarbeiterbefragung
- Mitarbeiterzeitung
- Mitsprache beim Dienstplan
- Rauchen am Arbeitsplatz
- Verbesserungen
- Wechsel in Teilzeit
- Wichtige Zusatzleistungen

Es folgt in der Regel ein Freitextfeld, in dem die Mitarbeiter ihre Kommentare abgeben können. Mit diesem Feld ist gewährleistet, dass ein Stimmungsbild aus dem Unternehmen erstellt werden kann und auch die in der Befragung nicht angesprochenen Themen behandelt werden können.
Eine Herausforderung bildet die Auswertung der gewonnenen Daten aus dem Textfeld. Einerseits muss unbedingt darauf geachtet werden, dass alle genannten Themen an das Unternehmen herangetragen werden, auf der anderen Seite ist es wichtig, dass keine persönlichen Beschuldigungen und Diffamierungen transportiert werden. Die Kommentare werden daher vor der Weitergabe genau gelesen und persönliche Angriffe soweit redigiert (nicht zensuriert!), wie es notwendig und vertretbar erscheint. Im Zweifel entscheidet

der externe und der interne Projektleiter gemeinsam, ob ein Kommentar einen Angriff darstellt oder nicht.

Demoskopische Angaben

Den letzten Block im Fragebogen bildet die Demoskopie. Hier ist darauf zu achten, dass so wenig wie möglich, aber so viel wie nötig an Informationen in Erfahrung gebracht werden muss. Bei der Zusammenstellung der demoskopischen Angaben ist darauf zu achten, dass nur jene Fragen zur Person gestellt werden, die später auch ausgewertet werden. Möchten Sie also in der Folge die geschlechterspezifische Beantwortung nicht weiter untersuchen, so sollte auf die Frage nach dem Geschlecht unbedingt verzichtet werden.
Zu viele Fragen zur Demoskopie tragen dazu bei, dass die Anonymität verstärkt in Zweifel gezogen wird. Dies ist auch sehr wohl berechtigt, denn mit sehr wenigen Angaben ist es in der Regel möglich, ca. 80 Prozent der Belegschaft zu identifizieren. Die Abgabe einer Anonymitäts-Garantie meint, dass nur Berichte weitergegeben werden, die eine Mindestanzahl (z.B. zehn) an auswertbaren Fragebögen aufweist.

Demoskopische Angaben sind zum Beispiel:

- Abteilung
- Altersgruppe (3 bis 5 Stufen)
- Arbeitszeitregelung Voll-/Teilzeit
- Betriebszugehörigkeit in Jahren
- Einkommenshöhe
- Führungsfunktion
- Geschlecht
- Standort

Professionelle Projektarbeit

Dieses Kapitel soll für künftige Projektleiter einer Mitarbeiterbefragung eine wertvolle Unterstützung bieten. Die Autoren legen ihre Expertise aus über hundert Projekten dar. Die Erarbeitung und Umsetzung dieses Wissens erfolgt im täglichen Wirken von EUCUSA, der Gesellschaft für Mitarbeiter- und Kundenorientierung.

Ein komplettes Projekt wird beschrieben, von allen Seiten betrachtet, auch werden viele Klippen und Fallen beleuchtet. Dennoch sollten Sie stets im Auge behalten, dass gerade beim Thema Mitarbeiterbefragung eine externe Unterstützung ein unersetzbarer Garant für Anonymität und Professionalität ist.

EUCUSA-Projekte gliedern sich in sechs Schritte, die im Prinzip in jedem Projektmanagement-Handbuch ähnlich beschrieben werden (siehe Abbildung 6).

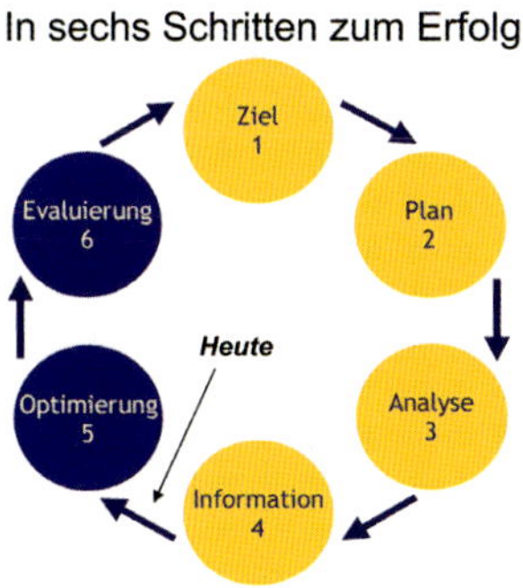

Abbildung 6: Die sechs Schritte zum Erfolg

Diese sechs Stufen sind einfach zu verstehen und viele erfahrene Praktiker stimmen diesem Vorgehensmodell zu. In zahlreichen Projekten wird dennoch die erste Stufe gerne vergessen, was sich während des Projekts und anschließend bei der Umsetzung rächt. In jedem Projektabschnitt dürfen einige wenige Grundregeln nicht verletzt werden, die ein Scheitern herbeiführen können.

Die Rahmenbedingungen

Das Top-Management

Das Top-Management spielt bei einer Mitarbeiterbefragung eine ganz entscheidende Rolle. Ohne die Überzeugtheit dieses Gremiums sollte eine Mitarbeiterbefragung gar nicht begonnen werden. Entscheidend ist, dass das Management hinter dem Projekt steht und auch bereit ist, Veränderungen in die Wege zu leiten, wenn diese offenkundig verlangt werden.

Wir führen vor Projektstart ein Gespräch mit dem Top-Management, um zu erkennen, ob die Überzeugung für das Instrument vorhanden ist oder nicht. Weiterhin bestehen wir darauf, dass sich das Top-Management in die Zielfindung mit einbringt. Nur wenn die Ziele der obersten Führung berücksichtigt werden, kann das Projekt erfolgreich sein.

In der Vorbereitungsphase hilft es, wenn durch eine Mail bzw. ein Rundschreiben an alle Mitarbeiterinnen und Mitarbeiter die oberste Führungskraft sich für das Projekt ausspricht und um eine hohe Beteiligung bittet. Weiterhin sollte das Begleitschreiben zum Fragebogen von dieser Person mit unterzeichnet werden. Dadurch kommt zum Ausdruck, dass der Gesamtprozess begleitet wird und mit dem Top-Management abgestimmt ist.

In der Optimierungsphase wird die Rolle durch eine neue Qualität ergänzt. Nun ist das Top-Management gefragt, anstehende Veränderungsprozesse mit zu tragen und sich dafür einzusetzen.
Gelingt es in allen Phasen authentisch zu vermitteln, dass ein großes Interesse an der Meinung jedes Einzelnen besteht und gemeinsame Ziele verfolgt werden, gewinnt die Führungsmannschaft durch die Mitarbeiterbefragung an Vertrauen. Gerade in schwierigen Situationen kann damit die Kommunikation besser gestaltet werden, ein Mehr an Klarheit entsteht.

Einbindung des Betriebsrates

Die Einbindung des Betriebsrates ist nicht nur auf Grund gesetzlicher Rahmenbedingungen zu empfehlen. Gelingt es, dem Betriebsrat aufzuzeigen, dass die Ergebnisse auch für seine Arbeit von höchster Relevanz sind, hat man einen starken Verbündeten gefunden. Gerade bei der Mitarbeiterbefragung zeigt sich, dass eine abgestimmte Vorgangsweise zwischen Management und Betriebsrat zu einer neuen Qualität verhelfen kann.
Es macht einen großen Unterschied, ob Sie den Betriebsrat als Gegner, als Unparteiischen oder als Verbündeten haben. Wenn von beiden Seiten positiv über die Mitarbeiterbefragung gesprochen wird, werden zum Beispiel alle Bedenken gegenüber der Anonymität damit zerstreut. Das macht bereits einen gewaltigen Prozentsatz in der Rücklaufquote aus. Sie erreichen damit auch die ganz stillen Mitarbeiter, die sich sehr ungern äußern, aber durchaus etwas zu sagen hätten.
Für die Umsetzungsphase bringt der Schulterschluss weitere Vorteile. Denken Sie an Beispiele wie Unzufriedenheit mit der leistungsgerechten Entlohnung oder die not-

wendige Weiterbildung einzelner Führungskräfte. Hier ist eine abgestimmte Vorgehensweise beider Seiten sicher von Vorteil.

Offenheit für Kritik im Management

Wird in einer Runde von Führungskräften die Frage gestellt, wer für Kritik offen ist, erhält man meist eine Zustimmung, wie sie bei kaum einem anderen Thema vorzufinden ist. Konfrontiert man die selbe Runde mit den Ergebnissen einer Mitarbeiterbefragung, wobei nun die Führungsqualitäten sehr unterschiedlich bewertet werden, passiert etwas anderes. Innerhalb von Minuten werden so viele verschiedene Erklärungsmuster für die Bewertung gefunden, dass zumindest eines klar ist: Im Führungsverhalten muss sich auf keinen Fall viel ändern.
Vielleicht ist das alles sehr provokativ formuliert, Fakt ist, dass sich niemand gerne kritisieren lässt. Insbesondere nicht, wenn man über viel Erfahrung verfügt und schon einige Erfolge gefeiert hat – sehr viel kann man ja nicht falsch gemacht haben.
Genau an diesem Punkt stehen sich die meisten Menschen selbst im Weg. Kritik in einem Punkt wird als Kritik an der gesamten Person aufgefasst, und das löst unterschiedliche Reaktionsmuster aus. Oft dominiert die Verteidigungsposition, die Kritik von vornherein ausschließt.
Die hohe Kunst besteht darin, das Positive bei den Menschen zu sehen, dieses zu spiegeln und erst dann die Verbesserungspotenziale zu diskutieren.

Das Projektteam

Bevor ein Projekt gestartet wird, sollten bereits im Vorfeld Überlegungen zur Zusammenstellung eines Projektteams stattfinden. Das Team, das innerbetrieblich die Mitarbeiter-

befragung unterstützt, nennen wir „Zufriedenheits-Team“. Jeder ist gerne Mitglied in einem Zufriedenheits-Team, denn der Begriff ist durchwegs positiv belegt. Das Team kann je nach Komplexität des Unternehmens zwischen drei und 24 Personen umfassen. Es ist jedoch mit sieben bis zwölf Personen am besten arbeitsfähig.
EUCUSA setzt in diesem Zusammenhang auch nicht auf die üblichen Projektstrukturen mit Kernteam, Spezialteams, Betriebsrat oder Regionalteams. Wir setzen auf „keep it simple“ und sind mit dieser pragmatischen Vorgehensweise immer sehr gut zurecht gekommen.
Einige Schlüsselfunktionen müssen in jedem Fall mit mindestens einem Vertreter beteiligt sein:

- Betriebsrat
- Interne Kommunikation
- Personalentwicklung
- Qualitätsmanagement
- Top-Management

Je nach Organisation wird es notwendig sein, aus allen relevanten Bereichen einen Vertreter zu nominieren. Schließlich soll eine Mitarbeiterbefragung ein repräsentatives Abbild der Stimmung und der Wünsche der Gesamtorganisation zu Tage bringen. Dies gewährleistet, dass alle unternehmensrelevanten Fragen in den Fragenkatalog aufgenommen werden.
Bei Projekten in verschiedenen Ländern macht es Sinn, einen Landesvertreter mit in das Zufriedenheits-Team aufzunehmen und bei größeren Einheiten oder speziellen Anforderungen, in jedem Land ein eigenes Zufriedenheits-Team einzusetzen. Aus unserer Erfahrung werden 80 bis 90 Prozent der unternehmensindividuellen Fragestellungen in allen Ländern benötigt, lediglich 10 bis 20 Prozent umfassen landesspezifische Ausprägungen.

Eine besondere Herausforderung ist die Nominierung des Projektleiters. Spätestens nach dem Planungsworkshop muss klar sein, wer innerbetrieblich das Projekt koordiniert. Meist wird bereits im Vorfeld gemeinsam mit dem Auftraggeber ein geeigneter Projektleiter bestimmt. Häufig ist es der Qualitätsmanager oder der Personalleiter. Wir empfehlen, auch eine Vertretung zu nominieren, die gleich zu Beginn in die Aufgabenstellung integriert wird. Die Funktion des internen Projektleiters ist jedenfalls strikt von der Rolle des Auftraggebers zu trennen. Wird das Projekt extern begleitet, ist zusätzlich (!) auch der externe Projektleiter namentlich zu fixieren.
Bevor wir in den konkreten Projektablauf einsteigen, noch ein Wort zum Start einer Mitarbeiterbefragung und die vieldiskutierte Einbindung des Top-Managements. Wir führen keine Mitarbeiterbefragung durch, die nicht ausdrücklich vom Top-Management gewollt ist. Nur hier findet sich schließlich später auch der Rückhalt, wenn es um gravierende Verbesserungen innerhalb der Organisation geht.
Keine Befragung ohne den Willen zur Verbesserung, keine Berichte für die Schublade. Denken Sie immer an VITELES Vergleich „Eine Mitarbeiterbefragung ist wie eine entsicherte Handgranate, man kann sie nicht einfach zur Seite legen!“

Anonymität

Die Gewährleistung der Anonymität ist die Grundvoraussetzung einer erfolgreichen Mitarbeiterbefragung. Bitte bedenken Sie, dass Mitarbeiterinnen und Mitarbeiter nur in einem geschützten Rahmen ihre wirkliche Meinung äußern. Ferner kann mit den Ergebnissen nur dann sinnvoll gearbeitet werden, wenn eine gewisse Demoskopie erhoben wird. Schließlich möchten Sie ja genau wissen, in welchen

Organisationseinheiten welche Aspekte besonders positiv beurteilt werden, und welche Unterschiede es bei den Wichtigkeiten gibt.
Meist möchte die Personalentwicklung wissen, ob es bei Männern und Frauen Unterschiede gibt, welche Aspekte Führungskräfte anders beurteilen und ob sich jüngere Mitarbeiterinnen und Mitarbeiter von Älteren gravierend unterscheiden.
Nimmt man all diese demoskopischen Angaben zusammen, so wird klar, dass durch eine Rasterung ein Großteil der Mitarbeiterinnen und Mitarbeiter identifiziert werden können. Zumindest die Meinung Einzelner kann transparent werden. Denken Sie nur an eine weibliche Führungskraft, die unter 35 Jahre als ist, in der Region X arbeitet und sich dort der Abteilung Y zugehörig fühlt.
Es wird genau aus diesen Gründen zwingend angeraten, mit einem externen Dienstleister zusammen zu arbeiten, der für die Daten verantwortlich zeichnet. Vertraglich sollte dann vereinbart werden, dass lediglich zusammenfassende Statistiken geliefert werden. EUCUSA hat als Standard, dass immer die Meinung von mindestens zehn Personen vorliegen muss, damit ein Bericht angefertigt werden kann. Andere Dienstleister haben Grenzen von acht bis 20 eingeführt.
Die Thematisierung der Anonymität ist im Zufriedenheits-Team besonders wichtig. Schließlich sitzen dort die Projekt-Multiplikatoren. Ist erst der Betriebsrat davon überzeugt, dass die Demoskopie erforderlich ist und die Anonymität durch den Externen gut abgedeckt wird, wird diese Botschaft auch in das Unternehmen getragen. Also gehen Sie vorwärtsgerichtet an die Thematik heran, zeigen Sie mögliche Unsicherheiten auf und präsentieren Sie die Lösungen.
Lassen Sie Zweifler Referenzkunden des externen Partners kontaktieren, um Sicherheit über die Gewährleistung der Anonymität zu erfahren. Bewährt hat sich die Kontaktauf-

nahme zu Betriebsratskollegen aus Unternehmen, die mit dem gleichen externen Partner bereits Mitarbeiterbefragungen durchgeführt haben.

Die Freiwilligkeit

Eine weitere Entscheidung ist, ob die Teilnahme an einer Mitarbeiterbefragung wirklich zwingend freiwillig erfolgen muss. Schließlich geht es ja um die Entwicklung des Unternehmens, und da ist jeder aufgerufen, sich zu beteiligen.
Betrachtet man die reine Datenqualität, so lassen sich nach unserer Einschätzung wenig Argumente finden, warum die Teilnahme freiwillig erfolgen muss. Man kann davon ausgehen, dass es in Bezug auf die Ehrlichkeit keinen Einfluss hat, ob jemand zur Teilnahme aufgerufen oder verpflichtet wird.
In Bezug auf die Wahrnehmung hat es eine gravierende Auswirkung. Es geht uns letztendlich nicht darum, eine möglichst hohe Rücklaufquote zu erzielen, sondern die Sinnhaftigkeit der Vorgehensweise im gesamten Unternehmen aufzuzeigen. Wenn es gelingt, dass jeder Einzelne davon überzeugt ist, mit Hilfe der Mitarbeiterbefragung im Unternehmen positive Veränderung bewirken zu können und damit diese Veränderungsprozesse auch unterstützt, wird sich eine hohe Rücklaufquote ganz von selbst einstellen.
Vielleicht muss die Freiwilligkeit auch vor einem kulturellen Hintergrund gesehen werden. Einer unserer Projektleiter in Russland hat berichtet, dass bei ihm die Teilnahme verpflichtend war. Wenn das Unternehmen – insbesondere die Führung – von einer Aktion überzeugt ist, dann müssen sich offensichtlich in Russland alle Mitarbeiterinnen und Mitarbeiter dieser Meinung anschließen. Die Rücklaufquote lag bei 100 Prozent. An den Daten konnten keine Auffälligkeiten entdeckt werden.

Ziele konzentrieren die Energie

„Wer nicht weiß, wohin er will, darf sich nicht wundern, wenn er ganz woanders ankommt!"

Peter Drucker

Die erste Phase einer Mitarbeiterbefragung besteht aus der Zielfindung. In dieser Phase lernen sich die Mitglieder des Zufriedenheits-Teams kennen und tauschen sich über ihre Ziele aus. „Warum bin ich dabei, was möchte ich erreichen, woran werde ich den Erfolg dieses Projektes erkennen", das sind einige der Fragen, die hier geklärt werden. Denken wir noch einmal an die bewusste Heterogenität des Zufriedenheits-Teams. Einige Beispiele verschiedener Zielsetzungen sind:

- Die Personalentwicklung verzeichnet seit einem halben Jahr eine stark erhöhte Fluktuation. Insbesondere die Leistungsträger verlassen das Unternehmen. Diese Fluktuation soll eingedämmt werden.
- Der Krankenstand steigt kontinuierlich. Es wird nach den Ursachen gefahndet. Die Mitarbeiterbefragung soll Auskunft über das Problem geben.
- Im gesamten Konzern werden flächendeckend Mitarbeiterbefragungen durchgeführt. Der Projektleiter möchte einen besonders guten Job machen.
- Der Qualitätsmanager hat es sich zur Aufgabe gemacht, ein Qualitätsmanagementsystem nach EFQM einzuführen. Eine Mitarbeiterbefragung wird dort zwingend gefordert.
- Das Top-Management hat die Überzeugung, dass durch eine erhöhte Zufriedenheit der Mitarbeiter die Performance weiter gesteigert werden kann. Daher soll der Stand evaluiert werden.
- Der Betriebsrat möchte Erkenntnisse darüber erhalten, ob die an ihn immer wieder herangetragenen alltäglichen

Probleme mit Führungskräften einer gewissen Systematik folgen.

- Zur Strategieentwicklung sollen die Stärken des Unternehmens systematisch erfragt werden.

In einem etwa zweistündigen Zielworkshop wird zunächst die Arbeitsfähigkeit des Zufriedenheits-Teams hergestellt. Notwendige Informationen werden ausgetauscht, persönliche Erwartungen kommuniziert. Das Modell, die Vorgehensweise sowie die Vorteile und Gefahren einer Mitarbeiterbefragung werden den Beteiligten erklärt.
Erst nach dieser Aufwärmphase beginnt der inhaltliche Teil. Jedes Mitglied überlegt sich die Ziele, die durch das Projekt aus seiner Sicht erreicht werden sollen. Die Dokumentation erfolgt auf Moderations-Karten. Die Karten werden gesammelt, visualisiert und strukturiert. So ergibt sich ein Zielsystem (siehe Abbildung 7), welches das Zufriedenheits-Team durch das gesamte Projekt begleitet. Bei Entscheidungen während des Projektablaufs ist es sehr hilfreich, dieses Bild wieder zu Hand zu nehmen und zu prüfen, ob sich das Team noch am richtigen Weg befindet.

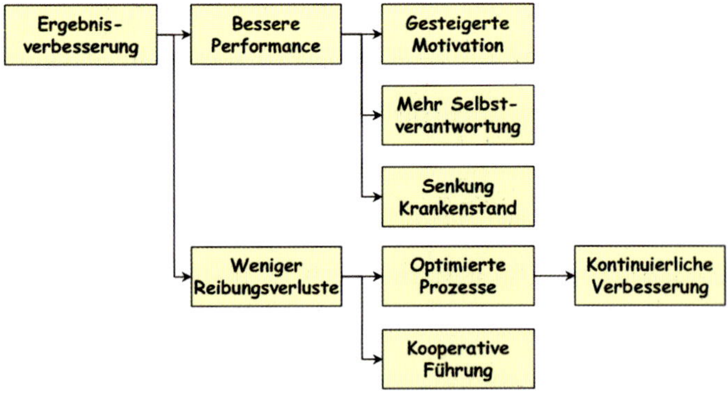

Abbildung 7: Teil eines Zielsystems

Die Entwicklung des Zielsystems an einer Pinnwand inspiriert die Beteiligten oft zur Formulierung weiterer Ziele. Dabei sollte vom Moderator darauf geachtet werden, dass das Zielsystem nicht zu umfangreich wird. Bei großen Teams hat sich bewährt, dass ein Mitglied beginnt, seine Kärtchen vorzulesen und zu clustern. Anschließend werden ähnliche Statements von anderen Teammitgliedern hinzugefügt, bis wieder ein neues Ziel von einem weiteren Teammitglied eingebracht wird.
Abschließend werden alle Beteiligten noch einmal gefragt, ob noch Wesentliches fehlt und ob sie sich mit dem gemeinsam erarbeiteten System identifizieren können. Dies ist ein wesentliches Erfordernis, da das Zufriedenheits-Team den Kristallisationspunkt der Befragung bildet und vorbehaltlos an einem Strang ziehen muss.
Borg (2000) fasst typische Zielkategorien einer Mitarbeiterbefragung in Form folgender Tabelle zusammen:

Ziel	Inhalte
Messen	Wie sehen die Mitarbeiter (verschiedene Geschäftsbereiche, verschiedene Ebenen, Angestellte und Arbeiter etc.) die Dinge?
Einbinden	Systematische Kommunikation über alle Ebenen hinweg. Beteiligung an Veränderungen, mehr Verantwortung nach unten, Zusammenarbeit der Teams, Erhöhung der Veränderungsbereitschaft.
Zufriedenheit erhöhen	Erhöhung der Mitarbeiterzufriedenheit, Beseitigung von Quellen für Unzufriedenheit und Konflikt, Erhöhung von Commitment und Vertrauen, Abbau von Spannungen.
Leistung verbessern	Verbesserung der Feedbackkultur, klarere Ziele, Leistungsbelohnungen, systematisches Leistungsmanagement, Motivierung, Beseitigung von Schwachstellen, Ausbau von Stärken.
Strategisch weiterkommen	Vermitteln der Strategie, Ausrichten der Organisation an der Strategie (Alignment), Umsetzen der Strategie im täglichen Handeln, Ausformulierung der Strategie im Detail vor Ort.

Tabelle 3:
Typische Zielkategorien einer Mitarbeiterbefragung (nach Borg 2000)

Planung reduziert Kosten

„Ein Abenteuer ist das Ergebnis schlechter Planung“

Colonel Blatchford

Eine Mitarbeiterbefragung sollte alles andere als ein Abenteuer werden – auch wenn die Ergebnisse manchmal abenteuerlich sind. Daher ist es unumgänglich, eine genaue Planung durchzuführen. Ein methodisch sauberer und mit Erfahrungen angereicherter Planungsprozess stellt sicher, dass die aus der Analyse gewonnenen Erkenntnisse auch rasch, effizient und nachhaltig umgesetzt werden.

Abgeleitet aus der Zielsetzung erfolgt die Planung im Planungsworkshop, der idealer Weise gleich dem Zielworkshop folgt. Es werden Befragungs-Methodik, Zeitplan sowie Inhalte festgelegt.

Die Entwicklung des Fragebogens stellt häufig die zeitintensivste Aufgabenstellung dar. Dazu wurde eine spezielle Vorgehensweise entwickelt, die es gestattet, einen betriebsspezifischen Fragebogen in wenigen Stunden zu generieren. Wir stellen dazu dem Zufriedenheits-Team vorformulierte Aspekte in Kärtchenform zur Verfügung, die alle relevanten Themen abdecken. Die Anzahl der Fragen ist jedoch wesentlich höher, als für den Fragebogen nötig und möglich ist. Dadurch ist das Team gezwungen, eine Auswahl zu treffen.

Die Fragen sind den oben genannten Dimensionen zugeordnet, und das Zufriedenheits-Team merkt sehr schnell, dass Fragen aus allen Dimensionen vertreten sein sollten. Erstaunlich ist, dass die Teams stets zu Ergebnissen kommen, die sich in der Praxis sehr gut bewähren. So können später in der Regel Erklärungsgrade (wird durch die Fragen tatsächlich Zufriedenheit erhoben?) von mehr als 80 Prozent gemessen werden. Die Fragen richtig zu stellen, ist also

Aufgabe der Prozessbegleiter, die richtigen Fragen zu stellen, Aufgabe des Zufriedenheits-Teams.
Nach der Reduktion der vorbereiteten Aspekte auf etwa die Hälfte folgt die Ergänzung mit weiteren Zufriedenheitsfragen, die das Team gemeinsam beschließt. In einem weiteren Durchgang wird die Formulierung der Fragen bzw. Aussagen der Unternehmenskultur angepasst (heißt es z.B. Führungskraft oder Vorgesetzter?).
Neben den Zufriedenheitsfragen wird meist noch eine ganze Palette aktueller Fragen und Bewertungen aufgenommen, die dem Instrument einen zusätzlichen Wert verleiht. So können Fragen zu neuen Produkten, Kampagnen, Standorten und zu fällenden Entscheidungen hier hervorragend eingearbeitet werden und bereits Signalwirkung demonstrieren.
Die Demoskopie ist ein weiterer Diskussionspunkt bei der Fragebogenentwicklung. Hier gilt es, so viel wie nötig und so wenig wie möglich zu fragen. Mit der Demoskopie werden die Auswerteeinheiten festgelegt. Nur das, was an persönlichen Daten erfragt wird, kann später auch ausgewertet werden. Soll also später jede Organisationseinheit einen eigenen Bericht erhalten, so muss nach der Organisationseinheit gefragt werden.
Neben dem Fragebogen sind aber noch eine ganze Reihe von Punkten zu beachten, die auf keinen Fall außer Acht gelassen werden sollten. Einige dieser Punkte wurden bereits im Kapitel „Das EUCUSA-Modell“ beschrieben. Im Folgenden steht nun der Praxisbezug im Mittelpunkt.

Die Voruntersuchung zur Erstellung des Fragebogens

Wie bereits beschrieben, nutzen wir zur Durchführung des Planungsworkshops ein Set aus Fragekärtchen, aus denen sich das Zufriedenheits-Team den Fragebogen modulartig

zusammenbaut. Dieses Set stellen wir im Vorfeld zusammen, nachdem wir uns ein wenig mit dem Unternehmen auseinander gesetzt haben.
Wenn an großen Projekten gearbeitet wird, macht es durchaus Sinn, in einer kleinen Voruntersuchung die Themen des Unternehmens grob zu analysieren.
Dazu werden ca. fünf bis maximal 20 Interviews mit ganz unterschiedlichen Personen im Unternehmen geführt. Es werden Fragen gestellt wie:

- Was macht das Unternehmen so einzigartig?
- Welche Besonderheiten bringt die Branche mit sich?
- Was sind besonders positive Aspekte dieses Unternehmens?
- Gibt es spezielle Abteilungen bei denen alles anders ist?
- Welche Probleme stellen sich derzeit?
- Gibt es einen besonderen Wortschatz im Unternehmen? Heißt es bei Ihnen Führungskraft oder Vorgesetzter? Sprechen Sie von Teams oder Abteilungen?
- Schreiben Sie intern von MitarbeiterInnen, oder von Mitarbeiterinnen und Mitarbeitern?
- Wie würden Sie die Führungskultur beschreiben?

Aus diesen Gesprächen bekommt man ein sehr gutes Gefühl für das Unternehmen und kann im Vorfeld des Planungsworkshops sehr zielgruppenspezifisch die Fragen zusammenstellen. Natürlich muss dennoch darauf geachtet werden, dass die Zahl der Fragen so groß ist, dass ein Auswahlprozess stattfinden kann.

Wer wird befragt?

Reicht eine Stichprobe oder soll eine Gesamtbefragung durchgeführt werden? Wie wird die Repräsentativität gewährleistet? Sehr häufig werden wir gefragt, ob eine Mitarbeiterbefragung immer eine Vollbefragung sein muss. Schließlich steigen mit jedem Fragebogen die Kosten für Druck, Versand und Erfassung. Rein statistisch gesehen reichen in großen Unternehmen relativ kleine Stichproben, um repräsentative Ergebnisse für die Gesamtorganisation zu erhalten. Es gibt jedoch zahlreiche Gründe, warum wir in der Praxis Vollbefragungen durchführen. Die Gründe sind im Folgenden näher beschrieben.

- *Kosten*
  Die Konstruktion einer guten Stichprobe ist gar nicht so einfach und kann sich sehr schnell als großer Kostenfaktor erweisen. Gerade in kleineren Organisationen umfasst eine gute Stichprobe 30 bis 50 Prozent der Mitarbeiter. In diesem Fall sollte man sich das Geld und den Aufwand für die Stichprobenermittlung sparen und gleich eine Vollbefragung durchführen.
- *Teilergebnisse*
  In den meisten Fällen wünschen sich sowohl die Mitarbeiter als auch das Management die Ergebnisse für kleinere Organisationseinheiten. Diesem Wunsch ist jedoch mit einer Stichprobe nicht nachzukommen. Es ist also im Vorfeld festzulegen, welche Auswertungen gewünscht werden. Daraus kann abgeleitet werden, ob eine Stichprobe überhaupt Sinn macht.
- *Zeit*
  Der Faktor Zeit wird häufig als Argument für eine Stichprobe herangezogen. Es macht schließlich einen Unterschied, ob der Fragebogen an mehrere tausend Mitarbeiter verteilt werden muss oder nur einige wenige Antworten eingeholt werden. Bei speziellen Befragungen z.B. zur Parkplatzsituation macht es daher Sinn, mit Teilmengen zu arbeiten. Bei umfangreichen Mitarbeiterbefragungen rückt das Zeitargument in den Hintergrund.

Hier sind Planungs- und Informationsphase weitaus länger als die eigentliche Befragung.

- *Einbindung*
  Die durch eine Stichprobe ausgewählten Mitarbeiter machen sich mindestens genauso viele Gedanken, wie die nicht eingebundenen. „Warum werde gerade ich befragt?“, „Was wollen die von mir wissen?“, „Kann ich ehrlich sein?“ sind die Fragen, die sich die „Auserwählten“ häufig stellen. Die anderen mutmaßen hingegen: „Die suchen sich nur die positiv Eingestellten“, oder: „So einen Querdenker wie mich, den wollen sie natürlich nicht fragen“.

- *Frustration*
  Bei Stichprobenbefragungen entsteht oft der Wunsch von „Nicht-Erwählten“, den Fragebogen auch ausfüllen zu können. „Ich habe sehr Wichtiges mitzuteilen“, oder „Ich wurde noch nie befragt“ sind in diesem Fall die Argumente. Soll die Repräsentativität jedoch aufrecht erhalten bleiben, darf diesem Wunsch nicht entsprochen werden. Dies führt oft zu Frustration.

- *Akzeptanz*
  Die Ergebnisse einer Stichprobenbefragung werden eher angezweifelt, als die einer Vollbefragung. In zweitem Fall war jeder Mitarbeiter eingebunden, kennt den Fragebogen und identifiziert sich zumindest zum Teil mit dem Gesamtprozess. Weiters haben nicht alle Mitarbeiter die statistische Vorbildung, um zu verstehen, dass eine hohe Repräsentativität gegeben ist. Schon bei Beteiligungsquoten unter 70 Prozent bei Vollbefragungen wird oft die Frage der Repräsentativität gestellt. Schließlich könnten ja nur die Zufriedenen geantwortet haben.

- *Anonymität*
  Die Wahrung der Anonymität ist ein besonders heikles Thema bei Stichproben. Schließlich werden nur sehr wenige Mitarbeiter befragt und deren Demoskopie ist genau bekannt. Es bedarf eines großen Vertrauens, damit hier eine Beteiligung auf hohem Niveau erreicht wird. Ferner kann bei vorliegendem Misstrauen von einer Verfälschung der Ergebnisse ausgegangen werden: „Da werde ich mich lieber mit meiner Kritik zurückhalten".

- *Veränderungsenergie*
  Eine Mitarbeiterbefragung erfüllt in der Regel den Zweck, Startpunkt von Veränderung zu sein. Durch die Ergebnisse werden die geeigneten Felder identifiziert, aus denen dann gemeinschaftlich geeignete Handlungen abgeleitet werden. Je größer die Einbindung der Mitarbeiter in diesen Prozess ist, desto höher ist die Veränderungsenergie. Aus diesem Grund hat eine Vollbefragung entscheidende Vorteile.

Bei der Ermittlung der Befragten tauchen immer wieder Sonderfälle auf. Sollen Teilzeitkräfte, Externe oder in Karenz befindliche Mitarbeiter auch befragt werden? Reicht ein Fragebogen in deutscher Sprache aus, oder hat ein großer Teil der Belegschaft eine andere Muttersprache? Das Zufriedenheits-Team hat die Aufgabe, bereits in der Planungsphase Vereinbarungen zu treffen, damit der Projektleiter dann nicht während des Befragungszeitraums noch hektische Handlungen setzen muss.

Wie wird befragt?

Erfolgt die Befragung auf Papier oder elektronisch? Gibt es neben dem Fragebogen noch persönliche Interviews oder

Fokusgruppen? Hierzu gibt es sehr unterschiedliche Meinungen. Wir haben festgestellt, dass sich eine umfassende Mitarbeiterbefragung mit dem Medium Papier am besten umsetzen lässt. Schließlich benötigen die Mitarbeiter zum Ausfüllen ca. 20 bis 30 Minuten. Dies konzentriert am Bildschirm zu tun, ist sehr anstrengend.

Zu bedenken ist auch die Kostenseite. Papier lässt sich sehr gut mitnehmen, und die Mitarbeiter tendieren dazu, den Fragebogen in Pausen oder zu Hause auszufüllen.

Auch wenn dies nur 10 oder 20 Prozent der Mitarbeiter tun werden, die Arbeitszeitersparnis ist enorm.

Wir durften auch feststellen, dass einige Mitarbeiter das Bedürfnis haben, über den Fragebogen zu diskutieren. Das fällt mit einem papierbezogenen Fragebogen am leichtesten.

Im späteren Feedback-Prozess kann außerdem der Fragebogen verwendet werden, um die Ergebnispräsentation zu unterstützen. Parallel zu den Ergebnissen kann jederzeit nachgelesen werden, wie die Frage gestellt wurde und in welchem Kontext sie zu den anderen Fragen steht.

Elektronische Befragungen bieten sich hingegen an, wenn schnell Informationen über ein bestimmtes Thema benötigt werden. Der wesentliche Rücklauf erfolgt innerhalb von Stunden, nach zwei Tagen hat ein respektabler Prozentsatz aller Personen geantwortet. Wir nutzen elektronische Befragungen als Ergänzung zu umfassenden Mitarbeiterbefragungen.

Das Wahlverfahren

Wie kommt der Fragebogen zum Befragten und wie kommt er zurück? Grundsätzlich können zwei Verfahren unterschieden werden, deren Vor- und Nachteile im Folgenden beschrieben sind.

Briefwahlverfahren

Bei diesem Verfahren werden die Fragebögen mit der Bitte um Rückgabe innerhalb der Rücklauffrist (ca. 4–6 Wochen) an die Mitarbeiter verteilt. Für den Versand stehen unterschiedliche Wege mit unterschiedlichen Vor- und Nachteilen zur Verfügung:

- *Post an private Adresse*
  Die Befragten erhalten den Fragebogen an die private Adresse. Die Mitarbeiter werden damit implizit aufgefordert, das Ausfüllen in der Freizeit durchzuführen, was in der Regel nicht als negativ empfunden wird. Häufig werden damit auch die Lebenspartner in das Ausfüllen einbezogen. Als Nachteil entstehen bei diesem Weg erhöhte Portokosten. Besonders vorteilhaft ist das Verfahren bei sehr dezentralen Organisationen, wenn z.B. der überwiegende Anteil der Mitarbeiter im Außendienst arbeitet.

- *Post an den Arbeitsplatz*
  Die Mitarbeiter bekommen den Fragebogen mit der Hauspost an den Arbeitsplatz bzw. in ihr Postfach geliefert. Dies wird unweigerlich dazu führen, dass der Großteil der Mitarbeiter sich die Zeit zum Ausfüllen des Fragebogens während der Arbeitszeit nimmt. Auf der anderen Seite werden durch den internen Versand Portokosten vermieden, es entstehen nur die internen Logistikkosten.

- *Beilage der Gehaltsabrechnung*
  Um Porto und zusätzliche Logistikkosten zu sparen, können die Fragebögen als Beilage mit der Gehaltsabrechnung versendet werden. Hier ist darauf zu achten, dass das Format der beiden Dokumente übereinstimmt und nicht durch das erhöhte Gewicht weitere Kosten ver-

ursacht werden. Oft fehlt es an der technischen Einrichtung, eine zusätzliche Beilage kosteneffizient beizulegen.

- *Beilage in der Mitarbeiterzeitung*
  Existiert eine Mitarbeiterzeitung, kann der Fragebogen auch diesem Medium beigelegt werden. Ein Artikel kann die Aktion umfangreich beschreiben. Nachteilig ist, dass die Zeitung meist nicht alle Mitarbeiter lesen und von daher schon ein gewisser Prozentsatz der Belegschaft nicht erreicht wird. Außerdem besteht das Risiko, dass auch Firmenexterne, die diese Zeitung erhalten, einen Fragebogen abgeben, der dann die Ergebnisse verzerrt. Die Befürchtung, dass bei solch einer Vorgehensweise einzelne Mitarbeiter mehrere Fragebögen ausfüllen, ist nur zum Teil begründet. Da das Ausfüllen erhebliche Zeit in Anspruch nimmt, wird eine derartige Manipulation nur in Einzelfällen passieren, was in der Regel die Statistik dann ausgleicht. Spricht sich jedoch ein Fall herum, in dem sich ein Mitarbeiter damit brüstet, dass er mehrere Fragebögen ausgefüllt hat, können die gesamten Ergebnisse in Zweifel gezogen werden. Wir raten daher von dieser Verteilungsform ab.

Ist der Fragebogen an die Mitarbeiter verteilt, dann beginnt die Rücklaufphase. Hier ist darauf zu achten, dass der Rückweg möglichst einfach gestaltet ist. Es bietet sich also an, dem Fragebogen ein Rücklaufkuvert beizulegen. Der Rücklauf kann auf unterschiedlichen Wegen erfolgen:

- *Rücksendung an ein neutrales Institut*
  Zur Unterstreichung der Anonymität bietet es sich an, das Rücksendekuvert bereits mit der Adresse des begleitenden Institutes zu beschriften. Damit muss der Mit-

arbeiter den Fragebogen lediglich in den Umschlag stecken und in einen Briefkasten einwerfen.

- *Sammelbox*
  Eine Sammelbox im Unternehmen kann dazu eingesetzt werden, die Portokosten für den Rücklauf zu senken und die Wege für die Mitarbeiter zu minimieren. Es muss darauf geachtet werden, dass die Boxen verschlossen sind und der Schlüssel nur beim Betriebsrat und der begleitenden Institution liegt. Die Sammelbox hat sich als Option zusätzlich zur postalischen Rücksendung bewährt.

Das Briefwahlverfahren ermöglicht den Mitarbeitern den Zeitpunkt des Ausfüllens innerhalb der Rücklauffrist frei zu wählen. Selbst während der Urlaubszeit kann dieses Verfahren angewendet werden, da davon auszugehen ist, dass nur ein sehr kleiner Teil der Belegschaft während der gesamten Rücklauffrist unerreichbar ist.

Das Wahlurnenverfahren

Beim Wahlurnenverfahren wird in einem sehr begrenzten Zeitraum (ein bis maximal drei Tage) die Mitarbeiterbefragung durchgeführt. Während dieses Zeitraumes stehen den Mitarbeitern – am besten in der Kantine – Wahlkabinen zur Verfügung.
An einem Informationsstand werden Wahllisten mit allen Mitarbeitern geführt. Jeder interessierte Mitarbeiter bekommt dort seinen Fragebogen ausgehändigt und wird gebeten, ihn möglichst unmittelbar auszufüllen. Ein bis zwei Betreuer stehen für Fragen zur Verfügung und weisen auch auf die Sinnhaftigkeit der Aktion hin.
Der Rücklauf kann auf Grund der hohen Präsenz sehr hoch sein. Geeignet ist das Verfahren jedoch nur für Unternehmen mit ausgeprägten Standorten. Ist z.B. der Anteil

von Außendienstmitarbeitern oder Telearbeitern sehr hoch, ist das Verfahren nicht geeignet. Problematisch sind ferner die hohen personellen Aufwendungen. Von unschätzbarem Wert ist jedoch der Happening-Charakter. So kann bei geeigneter Inszenierung ein großes Zusammengehörigkeitsgefühl entstehen – die Befragung wird damit schon zur positiven Intervention.
Es kann auch durchaus überlegt werden, bei dieser Gelegenheit eine kleine Aufmerksamkeit zu übergeben, was das Interesse der Mitarbeiter weiter weckt. Wesentlich ist bei solchen Überlegungen, dass auch diejenigen Mitarbeiter das Firmengeschenk bekommen, die den Fragebogen ganz leer abgeben, sich also nicht beteiligen wollen. In einem solchen Fall kann die Glaubwürdigkeit weiter gestärkt werden, wenn diese Mitarbeiter gebeten werden, lediglich den Grund ihrer Ablehnung in das Kommentarfeld zu schreiben.
Besonders vorteilhaft an diesem Verfahren ist, dass die Rücklaufquote praktisch online aktualisiert werden kann.

Die Vorinformation

In welcher Form werden die Mitarbeiter im Vorfeld der Befragung informiert? Gibt es einen Folder, einen Bericht in der Mitarbeiterzeitschrift, eine Beilage zur Lohn- oder Gehaltsabrechnung, Plakate, oder eine Mail vom Vorstand bzw. Geschäftsführer?
Wir sind überzeugt, dass ein guter Medienmix geeignet ist, alle Mitarbeiter zu erreichen. Hilfreich ist, wenn das Projekt Mitarbeiterbefragung ein Motto hat und auf dieses immer wieder verwiesen wird.

Die Botschaft der Ankündigung

Beim Erstellen der Medien zum Hinweis auf die kommende Befragung sollte zunächst überlegt werden, welche Botschaft transportiert werden soll. Es macht einen großen Unterschied, ob der Inhaber des Unternehmens einlädt, sich an der zukünftigen Entwicklung des Unternehmens zu beteiligen, oder ob der Leiter des Qualitätsmanagements mitteilen lässt, dass zur Erfüllung der Normen nun auch eine Mitarbeiterbefragung durchgeführt wird.

Die Key-Player

Sobald das Zufriedenheits-Team zusammengestellt ist, sollte die Frage beantwortet werden, ob noch weitere Interessengruppen oder einzelne Personen in das Projekt einbezogen werden sollten bzw. speziell informiert werden? So gibt es in den meisten Unternehmen Personen, die als das „Urgestein" angesehen werden und entsprechende Autorität haben. Gewinnt man diese Personen für das Projekt, dienen sie als Verstärker der Aktion und bewirken einen positiven Einfluss auf die Rücklaufquote.

Das Begleitschreiben

Der Fragebogen soll ein „geschlossenes" Dokument sein. Dies bedeutet, dass sowohl Ausfüllanleitung als auch Rücksendeadresse Bestandteil des Fragebogens sind. Wird ein Begleitbrief genutzt, um diese Informationen zu transportieren, so verliert der Fragebogen beim Verlust dieses Schreibens massiv an Wert. Ein Begleitschreiben macht nur dann Sinn, wenn die Fragebögen an die Befragten adressiert werden, der Fragebogen selbst aber neutral – weil anonym – sein muss. In diesem Fall ist am Fragebogen der Inhalt des Begleitschreibens sehr verkürzt wiederholt.
Die Ausfüllanleitung sollte kurz gefasst sein und möglichst ein Beispiel enthalten. Es ist zweckmäßig, noch einmal kurz und prägnant auf Sinn und Ziel der Aktion einzugehen. Gut bewährt hat sich der Hinweis, dass man bei seiner Mei-

nungsäußerung keinen Fehler machen kann. Gefragt ist die persönliche Empfindung zu den angegebenen Punkten. Und falls etwas nicht beurteilt werden kann, so soll die Beurteilung einfach ausgelassen werden.
Die Befragten schätzen es auch sehr, wenn eine Prognose über die Ausfülldauer genannt ist – die dann aber auch zutreffen sollte. Schließlich sollen die Befragten sich bewusst einen Zeitabschnitt frei halten, um den Fragebogen in einem Zug ausfüllen zu können.
Die Bekanntgabe eines Ansprechpartners gibt den Befragten Sicherheit. Wir haben die Erfahrung gemacht, dass sich bei einem guten Fragebogen praktisch niemand dort melden wird. Vermeiden Sie jedoch die Angabe einer E-Mail-Adresse! Diese Hürde wird als wesentlich niedriger empfunden, so dass es zu energieraubendem und unnötigem Mailverkehr kommen kann.

Anreize zum Ausfüllen des Fragebogens

Bei manchen Befragungen werden den Mitarbeitern Geschenke für das Ausfüllen offeriert. Dies soll die Rücklaufquote steigern. Sind diese Geschenke sehr klein, so wird dafür niemand Zeit investieren und lediglich vermuten, dass Sie mit Ihrer Befragung andere Interessen verfolgen. Sind die Geschenke sehr groß, führt dies zu wenigen Gewinnern und sehr vielen Verlierern. Außerdem ist es erforderlich, dass die Anonymität fallen gelassen wird. Verzichten Sie daher auf die so genannten „Incentives“!
Ein Firmenkugelschreiber als Beigabe ist jedoch akzeptabel. Dann muss nicht lange nach einem entsprechenden Schreibgerät gesucht werden. Das freut und motiviert. Eine andere Möglichkeit besteht darin, dass pro ausgefülltem Fragebogen eine gemeinnützige Institution mit einem bestimmten Geldbetrag unterstützt wird (was aber auch zu

kommunizieren sein wird). Auch die Abgabe eines praktisch leeren Fragebogens bekommt damit einen Wert.

Die Nennung der Rücklauffrist

Ein kleiner Randaspekt der Fragebogengestaltung ist die Nennung der Rücklauffrist. Im Laufe der Jahre haben wir überraschende Erfahrungen gesammelt.
Die Meinungen über eine geeignete Rücklauffrist gehen weit auseinander. Wir haben festgestellt, dass in ungefähr vier Wochen mindestens 80 Prozent des Gesamtrücklaufes eingetroffen sind. Dies ist relativ unabhängig davon, ob die Befragung in der Urlaubszeit durchgeführt wird oder nicht. Wir veranschlagen dafür in unseren Projekten meist vier bis fünf Wochen.
Wird eine sehr lange Rücklauffrist genannt, so führt dies dazu, dass der Fragebogen von vielen „Stapelbauern“ dort abgelegt wird, wo nur sehr selten ein Zugriff stattfindet. Dies kann dazu führen, dass das Papier während der Rücklauffrist nicht mehr aufgefunden und daher nicht ausgefüllt wird.
Setzt man den Termin sehr kurz, fühlen sich viele Mitarbeiter überfordert. „Dafür auch noch eine halbe Stunde, das kann und will ich mir nicht leisten“. Der Fragebogen landet dann sofort im Mülleimer oder in einem Archivierungssystem.
Bewährt hat sich, gar nicht explizit auf die Rücklauffrist aufmerksam zu machen. Überlassen Sie es den Menschen. Wenn ein Fragebogen Ende Oktober versendet wird und darauf zu lesen ist, dass noch im Dezember die Ergebnisse vorgestellt werden, weiß jeder, dass er sich nicht ein halbes Jahr Zeit zum Ausfüllen nehmen kann.

Das Nachfassen

Bei noch so guter Kommunikationsarbeit wird die Befragung ca. zehn Tage nach dem Austeilen der Fragebögen langsam aus dem Zentrum der Aufmerksamkeit verschwinden. Die „Schnellen“ haben den Fragebogen bereits ausgefüllt, die „Stapelbauer“ haben ihn zwischengelagert, und das Tagesgeschäft hat alle schon wieder eingeholt. Nach zwei Wochen Rücklauffrist sollten Sie in der Regel mindestens 50 Prozent des endgültigen Rücklaufs vorliegen haben.
Zu diesem Zeitpunkt ist es sinnvoll, eine Intervention zu setzen. So können z.B. das Zufriedenheits-Team, der Betriebsrat oder auch die Unternehmensleitung in einem Mail an alle über den Stand der Befragung berichten und bei dieser Gelegenheit dazu auffordern, sich noch zu beteiligen. So ist es z.B. sehr motivierend, wenn ein Lob ausgesprochen wird, wenn bereits nach einer Woche 30 Prozent der Fragebögen eingegangen sind. Dies unterstreicht auch, dass die jeweilige Interessensgruppe voll hinter dem Projekt steht.
Mehrere Erinnerungen sind kontraproduktiv, da sich die Mitarbeiterinnen und Mitarbeiter dann eher belästigt als wertgeschätzt fühlen. Eine kraftvolle, wohlinszenierte Intervention werden Sie als kleine Spitze an der Rücklaufkurve erkennen.

Information während der Befragung

Während der Befragung ist es wichtig, die Mitarbeiter auf dem Laufenden zu halten. Bei welcher Rücklaufquote befinden wir uns, wie sieht es in den verschiedenen Regionen aus? Durch eine gezielte Information über den Rücklauf wird die Befragung immer wieder ins Gespräch gebracht und stimuliert damit wiederum die Anzahl der Rückläufer.

Die Zusammenführung der unterschiedlichen Rücklaufpfade erfordert genaue Planung und Information. Manche Mitarbeiter werden den ausgefüllten Fragebogen mittels Post an die angegebene Adresse schicken, andere Ausfüller geben das Kuvert beim Betriebsrat ab, viele Kollegen nutzen vielleicht eine zu diesem Zweck aufgestellte Rücklauf-Box. Die Art und Weise, wie die aktuelle Rücklaufquote an die Mitarbeiter und Führungskräfte transportiert wird, ist sehr unterschiedlich. Bewährt haben sich Rücklaufsäulen aus Plexiglas, in die farbiges Wasser geschüttet wird und auf einer Skala die Quote ablesbar ist. Flipcharts im Eingangsbereich können ein Chart mit der momentanen Rücklaufquote tragen. Steht ein Intranet zur Verfügung, kann dort die aktuelle Rücklaufquote abgerufen werden, oder die Information wird mittels Mails verbreitet.
Hier ein paar Beispiele für unterschiedliche Informationsmedien:

- In wöchentlichen Rundmails wird über den Rücklauf in allen Bereichen informiert.
- Ein Flipchart im Eingangsbereich zeigt die Rücklaufkurve und erinnert an die Wichtigkeit der Teilnahme.
- In einem Display auf der Rücklaufbox im Eingangsbereich wird täglich die aktuelle Rücklaufquote veröffentlicht.
- In Aushängen wird die aktuelle Rücklaufquote in allen Bereichen gegenübergestellt. Dies schafft gegenseitigen Ansporn.
- Eine Säule aus Acrylglas wird mit farbigem Wasser gefüllt und zeigt damit die aktuelle Rücklaufquote.
- Im elektronischen Info-Brett gibt es täglich die aktuelle Rücklaufstatistik.

Überlegen Sie was zu Ihrem Unternehmen passt und setzen Sie diese Medien ein. Eine gute Information über den Rücklauf schafft Transparenz, Vertrauen und ermuntert zur Teilnahme.

Das Rücksendekuvert

„Sollen wir das Rücksendekuvert frankieren, oder nicht" ist eine Frage, die bei der Planung zur Sprache kommt. Natürlich ist es förderlich, wenn die Briefmarke bereits auf dem Rücksendekuvert klebt. Es bedeutet jedoch auch mehr Kosten und Arbeitsaufwand und man vergibt sich die Chance der Kosteneinsparung, indem einzelne Fragebögen in aufgestellte Rücklaufkästen – z.B. im Eingangsbereich des Betriebes – wandern.
Das Vorfrankieren macht also wirklich nur dann Sinn, wenn kein anderer Rücklaufpfad angeboten wird. Rein finanziell betrachtet, ist eine Vorfrankierung immer ein Minusgeschäft, von der psychologischen Seite aus gesehen, ein klares Indiz, dass es ein Unternehmen ernst meint.

Wissen ist Macht

Schon in der Planungsphase sollte darüber gesprochen werden, welche Zielgruppe welche Informationen bekommt, was die Beweggründe dafür sind und was dagegen spricht, umfangreiche Informationen im Gesamtunternehmen zu streuen. Wie wird mit den abgegebenen Kommentaren umgegangen? In diesem Punkt muss man sich sehr eng an der Kultur des Unternehmens orientieren.

Die Termin- und Kapazitätsplanung

Für das Zufriedenheits-Team und für den Projektleiter ist es wichtig, am Ende des Planungsworkshops Klarheit über Aktivitäten und Termine zu haben. Zur Darstellung eignet

sich eine simple Tabelle, in der in chronologischer Reihenfolge alle Aktivitäten mit Termin und dem Verantwortlichen aufgelistet sind. Alle wichtigen Meilensteine und Projektinformationen sind einzutragen. Im Idealfall leistet diese Übersicht allen Projektteilnehmern, auch den nicht am Prozess Beteiligten, während der gesamten Projektdauer gute Dienste.
Die Terminplanung kann auf zwei Arten erfolgen. Entweder gibt es ein Datum, zu dem ein Ergebnis vorliegen muss (z.B. eine internationale Konferenz, in der die Strategie der nächsten Jahre erarbeitet wird), oder es wird für jede Aktivität ein Zeitraum veranschlagt. Der Vorteil ist im crsten Fall eine Straffung des Prozesses. Unsere Erfahrung zeigt, dass zwischen dem Ziel- und Planungsworkshop und der Ergebnispräsentation mindestens zwei Monate einzuplanen sind. Im zweiten Fall können zwar ausreichende Pufferzeiten eingeplant werden, die Termineinhaltung ist deswegen aber auch nicht einfacher. Erfahrene Projektleiter können das gut nachvollziehen.
Es obliegt jedenfalls der Projektleitung, die Termine zu wahren und die Ausführung der vereinbarten Aktivitäten zu überwachen. Die ständige Information an das Zufriedenheits-Team über den Projektfortschritt sollte selbstverständlich erfolgen. Das Unterlassen dieser Information führt zu gröberen Problemen.

Analyse schafft Erkenntnis

Damit eine geeignete Analyse durchgeführt werden kann, sind im Vorfeld die Instrumente optimal zu gestalten. Diese Punkte wurden in der voraus liegenden Planungsphase im Detail dargestellt. In diesem Kapitel werden die zur Befragung eingesetzten Medien näher beschrieben.

Der Fragebogen

Der Fragebogen ist das für Mitarbeiterbefragungen meist genutzte Instrument. Dennoch sind in der Literatur relativ wenig Hinweise für die konkrete Gestaltung zu finden. Wir liefern Ihnen im folgenden einige praxisrelevante Informationen.

Die Akzeptanz beginnt mit der Anmutung

Die wesentlichste Anforderung an einen Fragebogen ist, dass er zum Ausfüllen einladen soll. Damit ist klar, dass er grafisch zu gestalten ist und nicht lang und kompliziert erscheinen darf. Leider werden in der betrieblichen Praxis diese Grundprinzipien häufig stark verletzt.
Der Fragebogen soll als hochwertig, aber nicht als teuer empfunden werden. Bei der Papierwahl ist also normales Schreibpapier genauso ungeeignet, wie ein fester hochglänzender Karton. Das Beschreiben des Fragebogens mit Kugelschreiber ist zu testen, da manche Papierarten dies gar nicht zulassen. Werden die Fragebögen bei der Erfassung gescannt, so ist darauf zu achten, dass die technischen Geräte (Scanner) die gewählte Papierart für die Verarbeitung auch akzeptieren.
Der Umfang des Fragebogens sollte so gewählt werden, dass die vermutete Ausfüllzeit nicht länger als eine halbe Stunde beträgt. Dies gelingt mit Formularen, die mehr als zehn Seiten umfassen, kaum.

Frage oder Aussage

Werden Fragebögen im Detail angesehen, so fällt auf, dass es sich seit einigen Jahren immer weniger um Fragebögen als vielmehr um „Aussagebögen" handelt. Es werden also nicht mehr Fragen gestellt, sondern es wird der Zustimmungsgrad zu bestimmten Aussagen abgefragt.

Diese Vorgehensweise hat sich etabliert, da es leichter fällt, den Zustimmungsgrad zu wählen, als die Antwortskala einer Frage durchzuarbeiten. Insbesondere bei sehr vielen Aspekten, die in Erfahrung gebracht werden sollen, kann die Belastung für den Ausfüllenden erheblich reduziert werden. Wir führen Mitarbeiterbefragungen heute mit Aussagebögen durch, während wir bei den wesentlich kürzeren Kundenbefragungen weiterhin auf Fragebögen zurückgreifen.

Skala

Die Diskussion über die Skalierung ist wahrscheinlich so alt wie die Fragebogenmethodik selbst. Zunächst gibt es die beiden Lager der geraden und ungeraden Skala. Während die einen meinen, dass der natürliche Drang zur Mitte unbedingt verhindert werden sollte, meinen die anderen, dass es gerade im Bereich der Mitarbeiterzufriedenheit immer wieder den Fall gibt, dass jemand unentschlossen ist. Die Mitte muss daher zwingend angeboten werden.

Einigkeit wurde bereits darüber gefunden, dass eine vierteilige Skala in jedem Fall zu wenig Auswahlmöglichkeiten darstellt, und eine mehr als siebenteilige Skala den Auswahlprozess sehr erschwert.

Die meisten Befragungsinstitute tendieren heute zur fünfteiligen Skala – EUCUSA allerdings nicht. Wir haben durch Interviews festgestellt, dass eine sechsteilige Skala ein verstärktes Nachdenken über die Aussage mit sich bringt. Schließlich muss sich der Befragte entscheiden, und hier beobachten wir genau, ob die Tendenz nach oben oder nach unten weist.

Der zweite und nicht weniger wichtige Grund ist, dass bei einer fünfteiligen Skala manche Probanden auch dann die Mitte ankreuzen, wenn Sie die Frage gar nicht beantworten wollen bzw. können. Bei der sechsteiligen Skala und dem

verbundenen Entscheidungszwang, lassen die gleichen Befragten die Antwort ganz weg. Zweiteres ist uns wesentlich lieber. Schließlich interessiert uns, wie viele Menschen die Fragen beantworten können und möchten.
Betrachtet man die wohl bekannteste historische Skala zur Messung der Gesamtzufriedenheit (siehe Abbildung 8), so stößt man auch hier auf eine Sechserskala. Als Frage stand damals „*Put a check under the face that expresses how you feel about your job in general, including the work, pay, the supervision, the opportunities for promotion and the people you work with*“ über den Gesichtern.

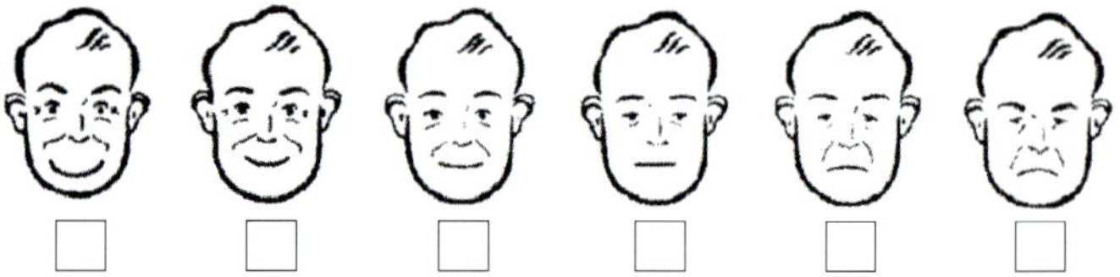

Abbildung 8:
Skala zur Arbeitszufriedenheit (Kunin 1955, zitiert nach Borg 2000)

Es hat sich in unseren Projekten stets gezeigt, dass es die Ausfüllenden sehr schätzen, wenn sie möglichst wenig lesen müssen. Daher verzichten wir – zumindest bei den Zufriedenheitsfragen – gänzlich auf die Antwortmöglichkeiten, sondern arbeiten hier mit Symbolen. Aus der sechszeiligen Frage: Wie zufrieden sind Sie mit Ihrer Führungskraft insgesamt? ...

- sehr zufrieden
- zufrieden
- eher zufrieden
- eher unzufrieden
- unzufrieden
- sehr unzufrieden

... wird in unserem System durch die Möglichkeit, auf einer breiten Skala den Zufriedenheitsgrad einfach anzukreuzen, eine zweizeilige Aussage. Dies spart nicht nur Platz, sondern reduziert den Aufwand für den Ausfüllenden erheblich. Außerdem unterbindet es eine Vielzahl von Kommentaren, die sich auf die Richtigkeit der jeweils gewählten Skalenbeschriftung beziehen.

Keine Angabe

Verfechter der reinen Lehre beharren darauf, dass die Antwortskala immer die Möglichkeit „Keine Angabe" enthalten muss. Inhaltlich ist diese Forderung richtig, denn man muss davon ausgehen, dass jemand aus Versehen eine Zeile vergisst und sich damit die Ergebnisse verschieben. Folgerichtig könnte nur ein Fragebogen akzeptiert werden, bei dem alle Aspekte beantwortet sind. Dies sind in der Praxis unseren Erfahrungen nach weniger als 80 Prozent.
Nach einer genauen Analyse der Problematik sind wir dahinter gekommen, dass die überwiegende Mehrheit der Ausfüller manche Fragen bewusst auslässt. Diese Möglichkeit wird auch als sehr angenehm empfunden. Der kleine Prozentsatz, der beim Ausfüllen zwischendurch die Zeile verliert, wird im EUCUSA-Fragebogen spätestens am Ende eines Blockes darauf aufmerksam und führt dann entsprechende Korrekturen durch. Ein verschwindend geringer Prozentsatz füllt auf Grund eines Fehlers eventuell nicht so aus, wie er es meint – doch damit können wir sehr gut leben.

Kontrollfragen

In zahlreichen Fragebögen werden Kontrollfragen eingebaut um zu überprüfen, ob die angegebenen Antworten in sich stimmig sind. Wird also zu Beginn des Fragebogens z.B. die Aussage gemacht „Ich bin mit meiner Arbeitszeit-

regelung sehr zufrieden“ so kann mit einer zweiten Aussage gegen Ende des Fragebogens „Meine Arbeitszeitregelung sollte dringend verändert werden“ überprüft werden, ob die ausfüllende Person seine ehrliche Meinung wiedergibt oder rein mechanisch bestimmte Kreuze setzt. Tauchen in einem Fragebogen Widersprüche auf, so führt dies zur Eliminierung des Bogens – damit sind „saubere“ Daten gewährleistet.
Problematisch an dieser Vorgehensweise ist, dass die Befragten sehr wohl merken, dass ihnen Kontrollfragen gestellt werden. Dies bedeutet aber auch, dass den Befragten letztendlich nicht getraut wird. Dieses Misstrauensvotum kann durchaus das Verhältnis zwischen Unternehmen und Mitarbeitern negativ beeinflussen, was sicher nicht Sinn und Zweck einer Mitarbeiterbefragung ist.
Aus diesem Grund raten wir dringend davon ab, mit Kontrollfragen zu arbeiten. Bringen Sie den Menschen das Vertrauen entgegen, das sie verdienen!

Positive Stimmung

Ähnlich wie beim Thema Kontrollfragen verstoßen wir ganz bewusst gegen bestimmte Regeln der wissenschaftlichen Datenerhebung. Wir achten stets darauf, dass der Fragebogen freundlich gestaltet ist, und alle Aussagen positiv formuliert sind. Wir setzen damit bereits mit der Befragung eine positive Intervention.
Methodiker haben uns dies schon oft vorgeworfen, denn wir erhalten damit leicht verzerrte Ergebnisse. Dessen sind wir uns bewusst – ja, wir wünschen es sogar. Das mag verwirrend sein, da das EUCUSA-Modell sich aus wissenschaftlichen Ergebnissen ableitet, und wir großen Wert darauf legen, dass alle Ergebnisse klar nachvollziehbar sind.
Die Erklärung ist einfach. Wir setzen uns dafür ein, dass die Leistungsfähigkeit bei unseren Klienten nachhaltig

gesteigert wird. Wir möchten die vorhandenen Potenziale entfalten und dies möglichst rasch. Wesentliches Ergebnis einer Mitarbeiterbefragung ist für uns die Erkenntnis, welche zwei bis drei Aspekte dringend verbessert werden müssen und auf welche Elemente das Unternehmen stolz sein kann. Diese Erkenntnis gewinnen wir auch dann, wenn die Stimmung bereits während der Befragung etwas verbessert wird.

Erhebung der Relevanz

Zur Messung der Wichtigkeit wurden sehr unterschiedliche Verfahren bereits getestet. Besonders bekannt ist das parallele Messen der Zufriedenheit und der Wichtigkeit geworden. Dabei wurden neben einer Frage beide Skalen angebracht. Es zeigte sich, dass sehr viele Probanden symmetrisch ankreuzten. Dies ist durchaus verständlich, denn Aspekte mit bestehender hoher Zufriedenheit rücken in der Regel in den Hintergrund der Betrachtung.
Es konnte auch nachgewiesen werden, dass die beiden Begriffe „Zufriedenheit" und „Wichtigkeit" im Laufe der Befragung immer mehr verschmolzen, was zu einer Verwirrung der Befragten führte. Die Methode wurde im Laufe der Jahre verfeinert, indem zunächst unterschiedliche Skalen verwendet wurden. So wurden z.B. eine fünfteilige Skala für die Zufriedenheit und eine dreiteilige für die Wichtigkeit verwendet. Damit konnte dem Symmetriestreben ein wenig Einhalt geboten werden. Nun wurde jedoch die größte Wichtigkeit am häufigsten angekreuzt. Damit war dieses Verfahren auch weiterhin nicht praxistauglich. Spätere Versuche mit getrennten Skalen auf der linken und der rechten Seite der Frage führten auch nicht zum Ziel, denn die Probanden ermüdeten sehr rasch.
Die Fraktion der Statistiker verwendet heute noch zur Messung der Wichtigkeiten die Regressionsanalyse. Wird

eine Fragenbatterie gestellt und anschließend die Gesamtzufriedenheit abgefragt, so kann mit Hilfe dieser Methode der Einfluss jedes einzelnen Aspektes auf die Gesamtzufriedenheit gemessen werden. Die Regression bezieht jedoch nur die Datensätze ein, die vollständig sind. Wurde also nur eine Frage ausgelassen, so kann dieser Datensatz nicht mehr verwendet werden. Bei unseren Befragungen füllen in der Regel lediglich 30 bis 70 Prozent der Befragten alle Fragen aus. Das klingt zunächst sehr wenig. Doch wenn 60 Fragen von 98 Prozent der Befragten ausgefüllt werden, sind es insgesamt gerade noch 30 Prozent vollständig ausgefüllte Fragebögen. Doch ein ganz anderer Grund hat uns dazu bewogen, die Wichtigkeit anders zu messen. In der amerikanischen Literatur wird seit einigen Jahren zwischen Relevance (Wichtigkeit) und Impact (Einfluss) unterschieden. Wichtigkeit meinen hier die Experten kann man nur explizit messen, den Einfluss mit Hilfe der Regression.
Wir verwenden daher beide Verfahren und messen die Wichtigkeiten in einem reduktiven Ansatz. Im Anschluss an die Zufriedenheitsfragen bitten wir die Ausfüllenden, die Zahlen der wichtigsten sechs bis acht Aspekte zu notieren. Das Verfahren funktioniert sehr gut und hat den positiven Effekt, dass alle Fragen noch einmal überflogen werden. Als wir 1998 die Methode zum ersten Mal anwendeten, kannten wir keine andere Institution, die auf diese Weise die Zufriedenheit misst. Wir freuen uns, dass diese Methode mittlerweile im amerikanischen Raum ebenfalls Verwendung gefunden hat.

Erhebung qualitativer Aussagen

Ein freies Textfeld dient dazu, dem Ausfüllenden die Möglichkeit zu geben, einerseits seinem Ärger verbal Luft machen zu können, andererseits auch Lob auszusprechen. Die Sammlung aller Kommentare lässt sich natürlich statistisch nicht auswerten. Lediglich der Anteil der Nutzung lässt den Schluss zu, ob sich die Mitarbeiter mit dem Unternehmen identifizieren bzw. die Aktion emotional zur Kenntnis nehmen. Etwa ein Drittel der Mitarbeiter ergreift in der Regel die Gelegenheit und füllt das freie Textfeld aus. Die Kommentare spiegeln ein Stimmungsbild wider. Sie bewirken beim Leser der Botschaften jedenfalls eine höhere emotionale Wirkung, als so manche statistischen Erkenntnisse. Bei der Ergebnisbekanntgabe ist darauf zu achten, dass Namen in persönlichen Angriffen anonymisiert werden, persönlich adressiertes Lob jedoch zugelassen wird. Die Sammlung der Texte ist ein eigener Teil der Ergebnisaufbereitung, der in vielen Fällen als Leseaufgabe für Führungskräfte dient. Wortzählungen, Clusterung und Sortierungsversuche sind manchmal eine auswertungstechnische Herausforderung, bringen aber keinen weiteren Erkenntniswert. Sparen Sie sich also die Mühe.

Der Pre-Test

Wenn es zeitlich und finanziell irgendwie vertretbar ist, sollte bei größeren Unternehmen ein Pre-Test durchgeführt werden. Hier geht es darum, den entwickelten Fragebogen unter realistischen Rahmenbedingungen zu testen.
Laden Sie dazu Mitarbeiterinnen und Mitarbeiter aus unterschiedlichen Bereichen, Abteilungen, Altersgruppen und Führungsebenen ein. Pro Gruppe sollten fünf bis maximal fünfzehn Personen eingeladen werden. Machen Sie eine kurze Einführung, in der Sie die Spielregeln für den Pre-Test erklären:

- Bitte füllen Sie den Fragebogen so aus, als ob es die wirkliche Befragung wäre.
- Wenn sich im Laufe des Ausfüllens Unsicherheiten ergeben, notieren Sie für sich, wo welche Frage entstanden ist.

- Stellen Sie während des Ausfüllens keine Frage an uns, beim realen Ausfüllen sind die Menschen auch alleine.
- Lassen Sie sich so viel Zeit, wie Sie persönlich brauchen.
- Wenn Sie fertig sind, können Sie gerne den Raum ruhig verlassen, in 40 Minuten sehen wir uns hier wieder.
- Im Anschluss werden wir Ihre Anmerkungen und Fragen diskutieren.

Verteilen Sie dann die Fragebögen und stoppen Sie die Zeit. Für das Ausfüllen der EUCUSA-Fragebögen werden zwischen 15 und 30 Minuten benötigt. Werden die Ausfüllenden befragt, so erkennt man, dass maximal eine halbe Stunde zumutbar ist. Ab dieser Zeitspanne nehmen Aufmerksamkeit und Lust rapide ab.
Wenn alle mit dem Ausfüllen des Fragebogens fertig sind, bietet sich eine kurze Pause an, bevor die Fragen zur weiteren Verbesserung des Fragebogens gestellt werden. Es können z.B. folgende sein:

- Wie war es für Sie?
- Wie geht es Ihnen jetzt?
- Haben Sie Fehler gefunden (Rechtschreibung/Grammatik)?
- Haben Sie etwas vermisst?
- War etwas widersprüchlich?
- Haben Sie etwas nicht verstanden?
- Was wollten Sie eher nicht beantworten?
- Ist aus Ihrer Sicht die Anonymität gewährleistet?
- Welche Widerstände wird es geben?
- Welche Rücklaufquote erwarten Sie?
- Was können Sie persönlich zum Erfolg der Aktion beitragen?

Mit den letzten beiden Fragen gelingt es, neben den Antworten in Richtung auf Verbesserungspotenziale weitere

Verbündete aufzubauen, die sich aktiv für die Mitarbeiterbefragung einsetzen.
Einzelne sind hin und wieder bestrebt, den Fragebogen als solchen in Frage zu stellen. Beziehen Sie sich hier auf das Zufriedenheits-Team, das den Fragebogen verantwortet. Die Struktur wird beim Pre-Test nicht in Frage gestellt, das geschah bereits im Planungsworkshop, jetzt geht es um den Feinschliff.
Im Anschluss dokumentieren Sie die Ergebnisse und lassen die Anregungen in den Fragebogen einfließen. Teilen Sie den Pre-Testern mit, dass sicherlich nicht alle Anregungen umgesetzt werden können. Dies verhindert eine spätere Frustration, wenn der endgültige Fragebogen vorliegt. Vergessen Sie nicht, sich für den Input zu bedanken!

Persönliche Interviews

Persönliche Interviews werden im Bereich der Mitarbeiterbefragung nur relativ selten eingesetzt. Wir empfehlen sie als Ergänzung, um bestimmte Problembereiche vertieft zu analysieren. In der Regel kann diese Vertiefung auch im Rahmen der Rückmeldung und in den entsprechenden Workshops abgedeckt werden.
Interviews können auch im Vorfeld der Befragung geführt werden, um das Bild der Projektgruppe auf die Situation im Unternehmen zu schärfen. Vor allem externe Projektbegleiter werden dadurch in die Lage versetzt, schon bei der Definition des Fragebogens ihr Fremdbild auf die Organisation einzubringen.

Fokusgruppen

Fokusgruppen haben bei Kundenbefragungen einen hohen Verbreitungsgrad gefunden. Die Idee dahinter ist, dass sich

eine Gruppe von Menschen zu Problemen – am besten vor laufender Kamera – äußert und über wichtige Aspekte viel intensiver als sonst diskutiert.
Für den Bereich Mitarbeiterbefragung erscheint die Methode vielen Unternehmen als ungeeignet. Wir wollen dies nicht bestätigen. Es kann z.B. durchaus sinnvoll sein, ehemalige Mitarbeiter in Fokusgruppen über ihre Ausscheidungsgründe zu befragen. Dies szenisch festgehalten und an Führungskräfte zurückgemeldet, kann Wunder bewirken.

Information vermittelt Wertschätzung

In den 60er Jahren beschränkten sich Mitarbeiterbefragungen hauptsächlich auf die Erfassung von Meinungen und Einstellungen. Die Ergebnisse waren nur der Unternehmensleitung zugänglich. Seit den 90er Jahren hat sich hier ein grundsätzlicher Wandel vollzogen. Ziel ist es in der Regel nun, die Ergebnisse allen Mitarbeitern zur Verfügung zu stellen, so dass anschließend Veränderungsprozesse auf Basis der Ergebnisse gemeinsam abgeleitet und umgesetzt werden können. Dadurch wird das Instrument Mitarbeiterbefragung eine Maßnahme zur Organisationsentwicklung.
In dieser Phase des Projektes werden die Ergebnisse zunächst dem Zufriedenheits-Team in Form einer Präsentation vorgestellt. In unseren ersten Projekten war für uns klar, dass zunächst der Auftraggeber die Ergebnisse zu sehen bekommt. Dabei hatten wir das Problem, in größeren Konzernen den Vorstand komplett zusammen zu bekommen, und es ergaben sich öfter Terminverschiebungen. Viel erschwerender kam jedoch hinzu, dass aus der Belegschaft vereinzelt das Gerücht gestreut wurde, dass innerhalb der Vorstandspräsentation auch vereinbart wurde, was genau veröffentlicht wird und was nicht. Diese Gerüchte trafen uns hart. Heute präsentieren wir die Ergebnisse als erstes

dem Zufriedenheits-Team. Mit dieser Vorgehensweise erreichen wir, dass Verfälschungsgerüchte ausbleiben.
Der dazugehörige Endbericht mit speziellen Grafiken wird der Geschäftsführung übergeben. Auf Basis dieses Wissens und der Diskussion im Zufriedenheits-Team werden die Vorstandspräsentation und die benötigten Detailanalysen erarbeitet. Wesentlich bei der Ergebnisaufbereitung ist, dass die wichtigsten Elemente mit einfachen Grafiken transportiert werden.
Zu diesem Zweck wurden von EUCUSA spezielle Grafiken entwickelt, mit denen die Resultate in wenigen Bildern vermittelt werden können (siehe Seite 176ff.). Dadurch kann auf umfangreiche Tabellenbände verzichtet werden. Als reine Projektinformation dient die Rücklaufkurve, aus der die Entwicklung der Anzahl retournierter Fragebögen ersichtlich ist.
Die grundlegenden Grafiken sind

1. *Dimensionsübersicht,*
2. *Handlungsportfolio,*
3. *Dimensionsanalyse,*
4. *Aspektkarten und*
5. *das Kennzahlen-Benchmarking.*

Mit diesen Grafiken können die Ergebnisse umfassend vermittelt werden. Liegen bereits Werte aus vergangenen Jahren vor, so kommt zusätzlich noch

6. *die Trendgrafik*

zum Einsatz. Werden Unterschiede und Ähnlichkeiten in verschiedenen Teilmengen (Scopes) gefordert, so steht

7. *das Tabellen-Portfolio*

zur Verfügung. Mit

8. *dem Extremwert-Portfolio*

kann schließlich ganz ohne Statistik-Know-how untersucht werden, welche Aspekte die Mitarbeiter besonders zufrieden bzw. unzufrieden machen.

Die Rücklaufkurve

In der Rücklaufkurve, die aus einem realen Projekt stammt, ist deutlich zu sehen, dass ein Erinnerungsmail nach zwei Wochen noch einmal den Rücklauf angeregt hat.
Diese Reaktion muss jedoch nicht zwingend so gravierend ausfallen, wie das zweite Beispiel zeigt (siehe Abbildung 9 und Abbildung 10).

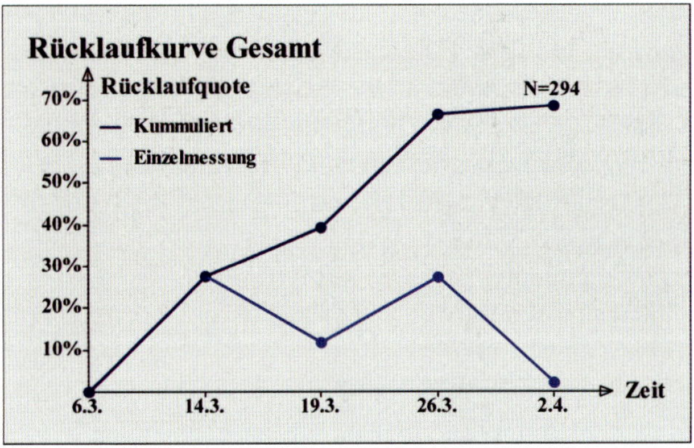

Abbildung 9: Rücklaufkurve, Beispiel 1

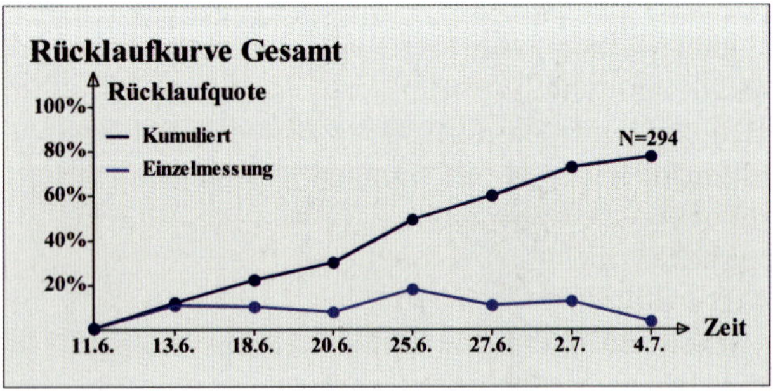

Abbildung 10: Rücklaufkurve, Beispiel 2

Die Dimensionsübersicht: Alle Ergebnisse auf einen Blick

Die Dimensionsübersicht (siehe Abbildung 11) zeigt die Ergebnisse der Befragung in Form von Dimensionen.

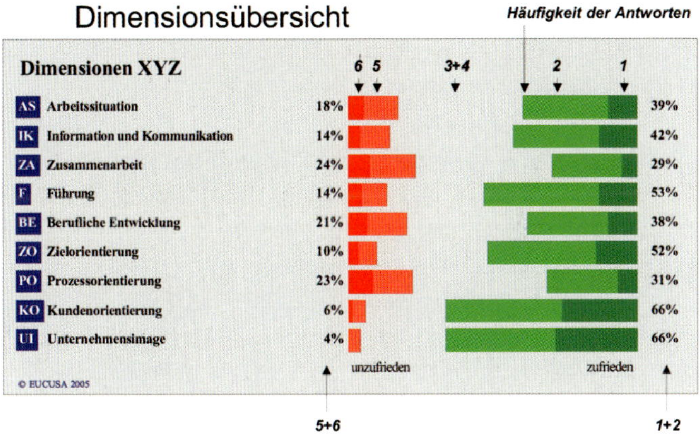

Abbildung 11: Dimensionsübersicht

Entsprechend den Antwortmöglichkeiten des Fragebogens von „sehr zufrieden“ (☺) bis „sehr unzufrieden“ (☹) sind rechts und links Balken dargestellt.
Die linken Balken (rot) differenzieren zwischen tiefrot (sehr unzufrieden) und rot (unzufrieden). Die rechten Balken (grün) umfassen die Antwortkategorien „sehr zufrieden“ und „zufrieden“.
Die Lücke zwischen den farbigen Balken repräsentiert jene Mitarbeiter, die mit der Äußerung „eher zufrieden“ bzw. „eher unzufrieden“ keine klare Aussage getroffen haben. Die linken Balken stellen also das Potenzial des Unternehmens dar, wobei eine Differenzierung in zwei Kategorien auf die Dringlichkeit von Veränderungen hinweist.

Beim vorliegenden Beispiel sind also die Aspekte der Dimensionen „Information und Kommunikation“, „Führung“, „Berufliche Entwicklung“, „Gesundheitsvorsorge“, „Entlohnungssystem“, „Kundenorientierung“ und „Unternehmensimage“ besonders zu hinterfragen. Die Dimensionen „Zusammenarbeit“ und „Zielorientierung“ werden am besten eingeschätzt.

Das Handlungsportfolio: Prioritäten setzen

Das Handlungsportfolio (siehe Abbildung 12) unterstützt beim Setzen von Prioritäten. Jeder Punkt repräsentiert eine Frage bzw. Aussage im Fragebogen. Die Lage der farbigen Punkte gibt Aufschluss über die relative Zufriedenheit und Wichtigkeit der Aspekte.
Alle Aspekte einer Dimension haben die gleiche Farbe. Beim Handlungsportfolio ist zu beachten, dass sich die dargestellte Zufriedenheitsskala (X-Achse der Grafik) an den Werten des Unternehmens orientiert. Der linke Rand wird vom schlechtesten Ergebnis (4,4) gebildet, der rechte Rand vom besten (1,2). Die links der Mittelachse liegenden Aspekte und insbesondere die des oberen Quadranten erfordern also erhöhte Aufmerksamkeit.
Die Wichtigkeit (Y-Achse der Grafik) wird aus dem Ranking der Nennungen auf die Frage „Welche Aussagen sind für Sie die Wichtigsten?“ ermittelt. Der höchstgelegenste Punkt repräsentiert 100 Prozent, also jenen Aspekt, der am häufigsten angegeben wurde.
Betrachtet man das Handlungsportfolio der Beispiel GmbH (siehe Abbildung 12), so ist daraus abzuleiten, dass die Aspekte 68, 44, 48, 19 und 7 prioritär anzugehen sind. Auch die Aspekte 28, 49 oder 12 sollten nicht außer Acht gelassen werden. Aspekt 11 schneidet zwar ebenfalls sehr schlecht ab, die Wichtigkeit wird von den Mitarbeitern jedoch als niedrig eingestuft.

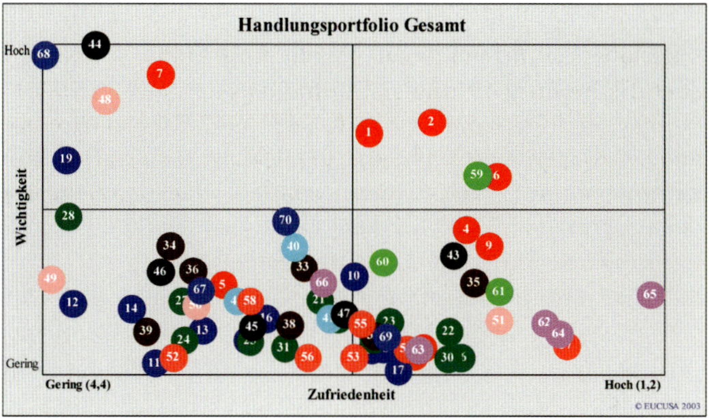

1: Arbeitsbedingungen (Z=2,7, W=73)
2: Arbeitsklima (Z=2,4, W=76)
3: Arbeitstempo (Z=2,4, W=8)
4: Arbeitszeitregelung (Z=2,2, W=44)
5: Betriebsrat (Z=3,5, W=27)
6: Gefallen an der Arbeit (Z=2,1, W=60)
7: Sicherer Arbeitsplatz (Z=3,8, W=91)
8: Unterforderung (Z=2,5, W=5)
9: Zufriedenheit mit Leistung (Z=2,1, W=39)
10: Arbeitsrelevante Informationen (Z=2,8, W=30)
11: Betriebliches Vorschlagswesen (Z=3,8, W=3)
12: Entscheidungsinformation (Z=4,2, W=21)
13: Fehlerkultur (Z=3,6, W=13)
14: Information über Veränderungen (Z=3,9, W=20)
15: Informationsquellen (Z=2,7, W=8)
16: Offenheit der Organisationseinheit (Z=3,2, W=17)
17: Kenntnis Organisationsstruktur (Z=2,6, W=1)
18: Information über Konzern (Z=2,6, W=8)
19: Wissen über die Basis (Z=4,3, W=65)
20: Wissensmanagement (Z=3,3, W=10)
21: Einbeziehen in Entscheidungen (Z=3,0, W=23)
22: Eingreifen der Führungskraft (Z=2,3, W=13)
23: Einhalten von Zusagen (Z=2,6, W=16)
24: Förderung der beruflichen Entwicklung (Z=3,7, W=10)
25: Förderung interner Kooperation (Z=3,3, W=10)
26: Förderung externer Kooperation (Z=2,2, W=5)
27: Lob und Anerkennung (Z=3,7, W=22)
28: Mitarbeiter ist Kapital (Z=4,3, W=48)
29: Offenheit für Vorschläge (Z=2,7, W=11)
30: Ungerechtfertigte Kritik (Z=2,3, W=5)
31: Wertschätzung (Z=3,2, W=8)
32: Zufriedenheit mit Führungskraft (Z=2,9, W=17)
33: Klarheit der Karriere (Z=3,1, W=32)
34: Karrieremöglichkeiten (Z=3,7, W=39)
35: Gewünschte Tätigkeit (Z=2,2, W=28)
36: Klarheit von Kriterien für Karriere (Z=3,6, W=32)
37: Tätigkeitsveränderung für Karriere (Z=2,7, W=12)
38: Weiterbildungsangebot (Z=3,1, W=15)
39: Ortsveränderung für Karriere (Z=3,9, W=13)
40: Gesundheitsförderliche Gestaltung (Z=3,1, W=39)
41: Maßnahmen zur Gesundheitsförderung (Z=2,9, W=17)
42: Gedanken über Gesundheit (Z=3,4, W=22)
43: Gehaltsentwicklung (Z=2,3, W=36)
44: Leistungsgerechte Entlohnung (Z=4,1, W=100)
45: Gerechte Bezahlung (Z=3,3, W=14)
46: Gehaltsniveau (Z=3,8, W=31)
47: Sozialleistungen (Z=2,8, W=18)
48: Zufriedenheit der Kunden (Z=4,1, W=83)
49: Reagieren auf Kundenbedürfnisse (Z=4,4, W=29)
50: Kundennutzen (Z=3,6, W=21)
51: Zufriedenheit der Kollegen (Z=2,0, W=16)
52: Abläufe anderer Bereiche (Z=3,7, W=5)
53: Beitrag zum Unternehmenserfolg (Z=2,8, W=5)
54: Effiziente Arbeitsweise (Z=2,5, W=8)
55: Freiraum für Verbesserungen (Z=2,8, W=15)
56: Ständige Prozessverbesserung (Z=3,0, W=5)
57: Kenntnis der Arbeitsabläufe (Z=1,7, W=9)
58: Unbürokratische Entscheidungen (Z=3,3, W=22)
59: Gegenseitige Unterstützung (Z=2,2, W=60)
60: Zusammenarbeit mit Führungskraft (Z=2,6, W=34)
61: Zusammenarbeit Organisationseinheiten (Z=2,0, W=25)
62: Klarheit der Aufgaben (Z=1,8, W=16)
63: Ziele des Unternehmens (Z=2,5, W=7)
64: Verantwortungsbereich (Z=1,7, W=12)
65: Verantwortungsbewusstsein (Z=1,3, W=24)
66: Meine Arbeit ist wichtig (Z=3,0, W=28)
67: Kundenmeinung (Z=3,6, W=25)
68: Öffentlicher Ruf (Z=4,4, W=97)
69: Erneute Bewerbung (Z=2,6, W=11)
70: Zukunftssicherheit (Z=3,1, W=46)

Abbildung 12: Handlungsportfolio

Besonders kann man sich in diesem Unternehmen über die Aspekte 1, 2, 6 und 59 freuen. Mit diesen herrscht eine große Zufriedenheit, und die Wichtigkeit wird dennoch als sehr hoch eingestuft. Offensichtlich handelt es sich um klare strategische Vorteile. An dieser Stelle soll noch einmal explizit darauf hingewiesen werden, dass gerade die Fokussierung auf die Stärken eines Unternehmens einen wesentlichen Beitrag zum Erfolg leistet.

In vielen Mitarbeiterbefragungen wird der Fehler gemacht, dass nur die unbedingt verbesserungswürdigen Punkte angesprochen und diskutiert werden. Konfrontiert man die Menschen jedoch immer nur mit den Punkten, an denen sie arbeiten müssen, ist dies nicht unbedingt motivationsförderlich. Freuen Sie sich über Ihre Stärken, feiern Sie Ihre strategischen Vorteile, seien Sie sich ihrer bewusst! In dieser Stimmung fällt es wesentlich leichter, sich den Verbesserungsbereichen zu widmen und sie konsequent anzugehen.

In Abbildung 12 werden auch die Grenzen eines Handlungsportfolios deutlich. Es fällt schwer, nahe beieinander liegende Punkte zu unterscheiden. Daher werden in unseren Berichten stets Handlungsportfolios für jede Dimension aufgeführt. Als Beispiele dafür sind Abbildung 13 und Abbildung 14 dargestellt.

Es wird auch sehr schnell klar, dass ein Handlungsportfolio nur aussagekräftig ist, wenn eine größere Zahl von ausgefüllten Fragebögen vorliegt. In Abbildung 15 ist das Handlungsportfolio einer Gruppe von lediglich sieben Personen abgebildet. Es zeigen sich deutliche Plateaus der Wichtigkeiten einzelner Aspekte. Im vorliegenden Fall wird die maximale Wichtigkeit lediglich durch zwei Nennungen gebildet. Durch das verwendete Reduktionsverfahren hat dieser Grafiktyp erst bei mindestens 25 Personen eine gesicherte Aussagekraft. Ein weiterer Grund, weshalb eine Fest-

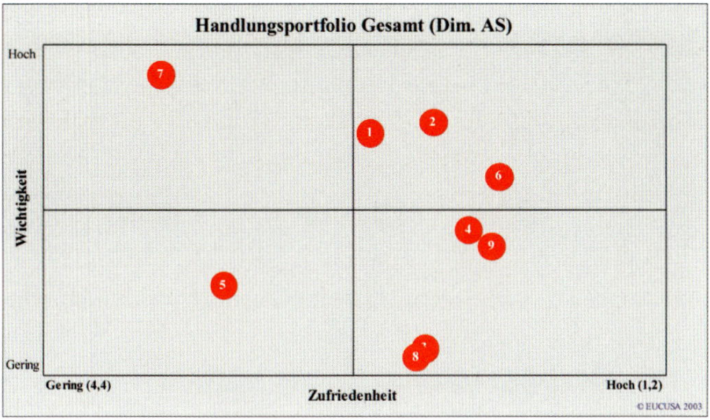

Abbildung 13: Handlungsportfolio der Dimension Arbeitssituation

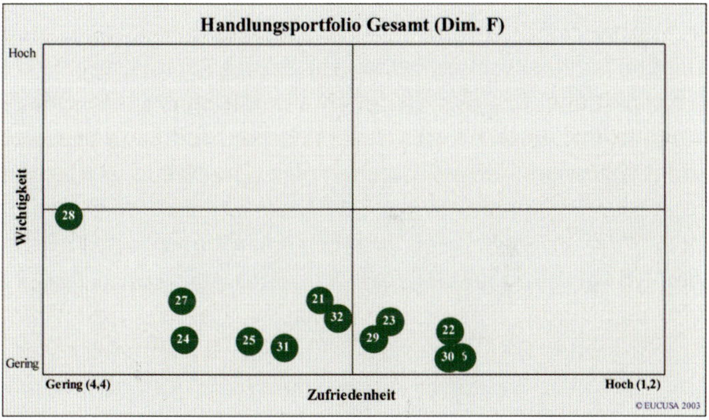

Abbildung 14: Handlungsportfolio der Dimension Führung

legung einer minimalen Auswertungseinheit Sinn macht (siehe Abbildung 15 umseitig).

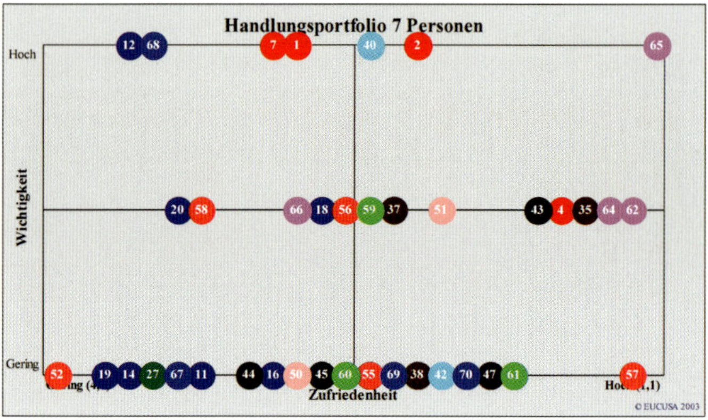

Abbildung 15: Handlungsportfolio einer kleinen Gruppe (7 Personen)

Die Dimensionsanalyse

Die Dimensionsanalyse (siehe Abbildung 16) unterstützt das Unternehmen bei der gezielten Einleitung von Verbesserungsmaßnahmen. Potenziale können klar und einfach identifiziert und eingeschätzt werden. Die Balken stellen die aggregierten Ergebnisse der „sehr zufriedenen" und „zufriedenen" sowie der „sehr unzufriedenen" und „unzufriedenen" Mitarbeiter dar. Jeder Balken entspricht einem Aspekt, also einer Frage. Die Fragenummer ist jeweils an der unteren Seite der Grafik in einem dunklen Kasten aufgeführt. Die rote und die grüne Linie stellen die Mittelwerte der roten bzw. grünen Balken der jeweiligen Dimension dar.
Die grünen Balken, die über die Mittelwertlinie hinausgehen, stellen damit Aspekte dar, die von den Mitarbeitern als besonders positiv eingestuft werden. Die Aspekte, bei denen die roten Balken über die Linie ragen, werden als besonders kritisch gesehen. Dies ermöglicht eine Fokussierung auf Verbesserungsmaßnahmen in der jeweiligen Dimension.

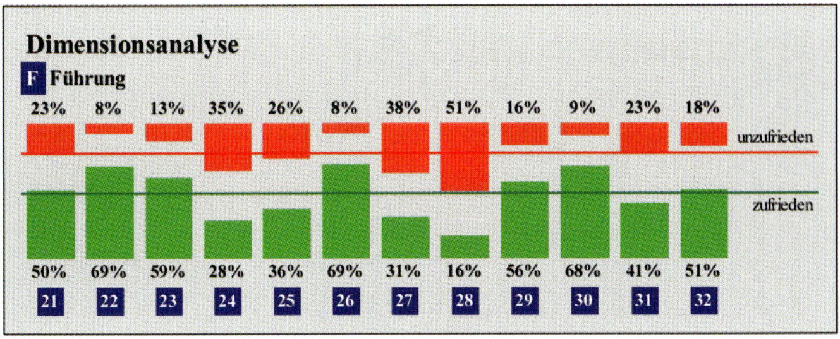

Abbildung 16: Dimensionsanalyse Führung

Betrachtet man die Dimensionsanalyse Führung der Beispiel GmbH, so fällt auf, dass die Aspekte sehr unterschiedlich beurteilt werden, was bereits aus dem Handlungsportfolio durch die breite Streuung hervorgegangen ist. Deutlich wird nun, dass die Aspekte 22, 26 und 30 eine besonders positive Einschätzung erhalten, während die Aspekte 24, 27 und 28 sehr kritisch beurteilt werden. Es macht also Sinn, bei diesen Aspekten mehr in die Tiefe zu gehen.

Die Aspektkarte

Zur näheren Betrachtung und zur Ableitung von Maßnahmen dienen Aspektkarten. Hier werden zu allen gestellten Fragen die Antworthäufigkeiten in Prozent angegeben. Neben der Aspektnummer und dem Wortlaut der Frage/Aussage ist auch der prozentuelle Anteil von Ausfüllern abgebildet, die auch diese Aussage bewertet haben. Aus der Grafik ist abzulesen, wie viel Prozent der Antwortenden auf die sechs Zustimmungs- bzw. Ablehnungsmöglichkeiten geantwortet haben. In den Balken ist die absolute Anzahl dargestellt (siehe Abbildung 17 umseitig).
Im vorliegenden Beispiel wurde auf Grund der Dimensionsanalyse (Abbildung 16) und des Handlungsportfolios (Abbildung 14) der Aspekt 28 – „Mitarbeiter ist Kapital“ näher

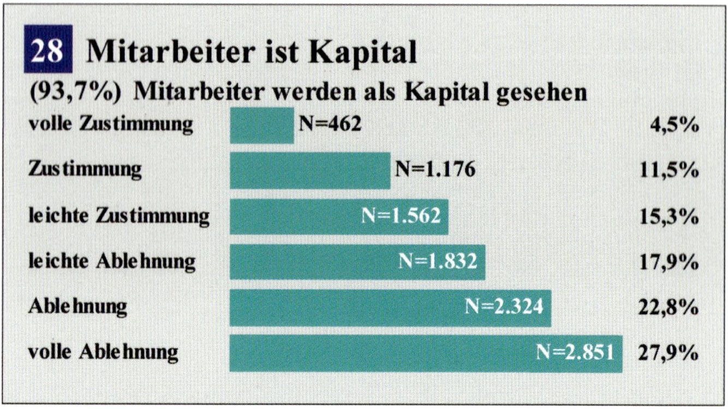

Abbildung 17: Aspektkarte 28 – Mitarbeiter ist Kapital

betrachtet (Abbildung 17). Die Frage wurde laut Grafik von 93,7 Prozent der Antwortenden beurteilt. Davon wiederum haben die meisten (2.851 bzw. 27,9 Prozent) mit „sehr unzufrieden" geantwortet.

Aus der Aspektkarte geht deutlich hervor, dass zu diesem Aspekt ein sehr stimmiges Bild im Unternehmen herrscht. Die Anzahl der Nennungen steigt kontinuierlich von „volle Zustimmung" bis „volle Ablehnung". Es kann davon ausgegangen werden, dass sich diese Beurteilung in allen Auswerteeinheiten wieder findet.

Anders sieht es z.B. bei Aspekt 27 aus. Hier zeigt sich nicht die zu erwartende Gauß'sche Glockenkurve. Hier gibt es offensichtlich Bereiche, in denen der Aspekt durchaus gut beurteilt wird, während er in anderen auf große Ablehnung stößt. Nur durch genauere Analysen, wie sie im Folgenden gezeigt werden, kommt man diesem Problem auf die Spur (siehe Abbildung 18).

Von unseren Klienten werden die Aspektkarten als besonders wertvoll angesehen, da mit ihrer Hilfe sehr schnell erkannt werden kann, ob eine „Normalverteilung" der Ant-

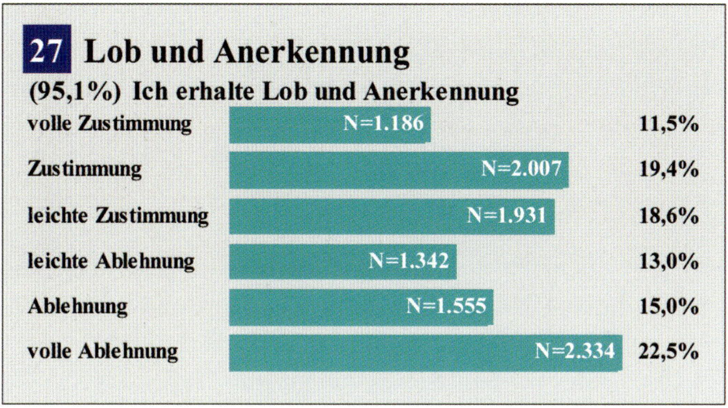

Abbildung 18: Aspektkarte 27 – Lob und Anerkennung

worten vorliegt. Folgt die Verteilung einer Normalverteilung (Gauß'sche Glockenkurve), so kann davon ausgegangen werden, dass eine gleichförmige Bewertung im Gesamtunternehmen bzw. der betrachteten Auswerteeinheit vorliegt. Ein Beispiel zeigt die Abbildung 19.

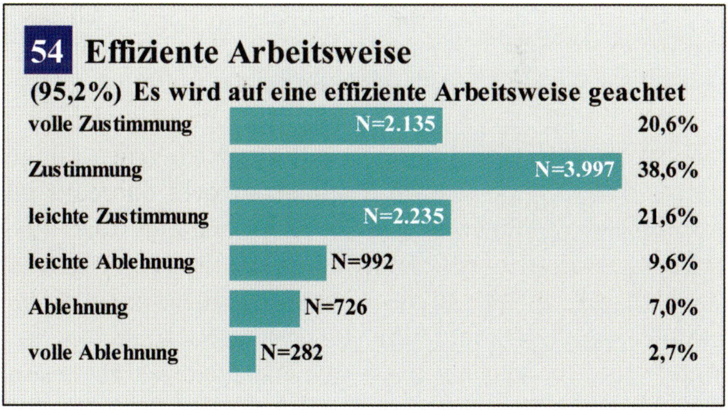

Abbildung 19: Aspektkarte 54 – Effiziente Arbeitsweise

Zeigen sich Polarisierungen, wie in Abbildung 18 dargestellt, so wird deutlich, dass es in einer speziellen Gruppe ein Problem gibt und diese von einer anderen Gruppe gegebenenfalls lernen kann.

Das Kennzahlen-Benchmarking

Der Bereichsleiter, der nun die Ergebnisse seiner Abteilung in den Händen hält, weiß zwar, welche Themen mit seinem Team aufzuarbeiten sind. Aber der Kontext zum Gesamtergebnis, oder noch besser, zu den besten Ergebnissen, fehlt. Das innerbetriebliche Benchmarking erlaubt die Einordnung der eigenen Ergebnisse im Vergleich zum besten und dem schlechtesten Ergebnis (jenes mit dem höchsten Verbesserungspotenzial). Der Fokus liegt in der Orientierung am Besten und nicht das Hinzeigen auf das schlechteste Ergebnis, was mancherorts intuitiv geschieht.
Die Benchmarking-Grafik enthält entsprechend Informationen über die beste Beurteilung der einzelnen Aspekte (grüne Punkte) sowie die mit dem größten Verbesserungspotenzial (rote Punkte). Die grüne Linie repräsentiert damit die „Best in Class"-Werte (BIC). Die rote Linie repräsentiert die Auswertungseinheit mit dem größten Verbesserungspotenzial. Mit diesen beiden Linien wird die Spannbreite der Ergebnisse innerhalb der Organisation aufgezeigt.
Die Werte der betrachteten Auswertungseinheit sind als blaue Balken dargestellt. Links daneben steht der Grad der Potenzialausschöpfung (GPA) als Kennzahl für eine schnelle Positionsbestimmung. Er gibt an, welches Potenzial der betrachtete Bereich im Verhältnis zum „Best in Class" bereits erschlossen hat. Stimmt also der Balken mit der roten Linie überein, ist das Potenzial noch gar nicht ausgeschöpft – der GPA nimmt einen Wert von Null Prozent an. Stimmt der blaue Balken mit der grünen Linie überein,

so kommt damit zum Ausdruck, dass man „Best in Class“ ist – der GPA erreicht dem entsprechend 100 Prozent.
In Abbildung 20 ist eine Benchmarking-Grafik beispielhaft für die Dimension Führung dargestellt. Hier werden die Gesamtergebnisse den Ergebnissen von 13 Regionen gegenüber gestellt.

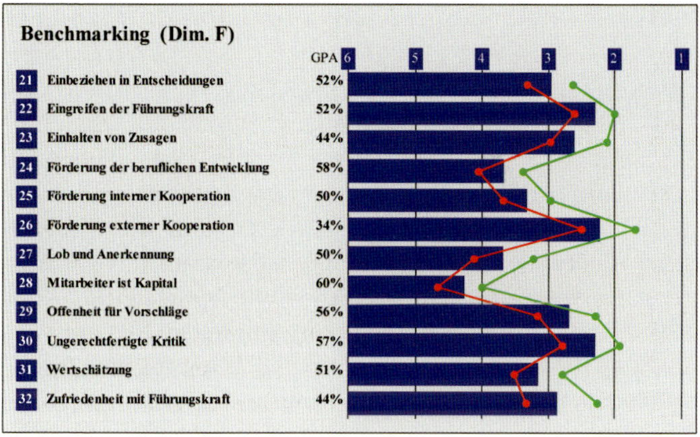

Abbildung 20: Beispiel für eine Kennzahlen-Benchmarking-Grafik

Jetzt wird dem Bereichsleiter erst klar, dass zwar der Zufriedenheitswert des Aspekts 26 – „Förderung externer Kooperationen“ gut abgeschnitten hat, dass er aber im Bereichsvergleich mit 34 Prozent Potenzialausschöpfung innerbetrieblich näher am Schlusslicht liegt. Welche Abteilung ist nun Vorbild? Dies beantwortet die angeschlossene Rangliste, welche die drei besten Auswertungseinheiten pro Aspekt darstellt (siehe Ergebnisse der Beispiel GmbH für die Dimension Führung in der folgenden Tabelle).

Aspekt	Rang 1	Rang 2	Rang 3
(1) Arbeitsbedingungen	Region H (2,4)	Region K (2,4)	Region M (2,6)
(2) Arbeitsklima	Region H (2,0)	Region M (2,3)	Region D (2,3)
(3) Arbeitstempo	Region H (2,1)	Region K (2,3)	Region A (2,4)
(4) Arbeitszeitregelung	Region G (2,0)	Region M (2,1)	Region H (2,1)
(5) Betriebsrat	Region D (2,9)	Region H (3,1)	Region G (3,3)
(6) Gefallen an der Arbeit	Region I (1,9)	Region H (1,9)	Region F (2,0)
(7) Sicherer Arbeitsplatz	Region J (3,5)	Region M (3,7)	Region L (3,7)
(8) Unterforderung	Region D (2,2)	Region A (2,3)	Region F (2,4)
(9) Zufriedenheit mit Leistung	Region D (1,8)	Region F (1,9)	Region A (1,9)
(10) Arbeitsrelevante Informationen	Region F (2,4)	Region I (2,5)	Region H (2,6)
(11) Betriebliches Vorschlagswesen	Region F (3,6)	Region A (3,6)	Region I (3,6)
(12) Entscheidungsinformation	Region A (4,1)	Region F (4,1)	Region H (4,1)
(13) Fehlerkultur	Region A (3,3)	Region H (3,4)	Region K (3,4)
(14) Information über Veränderungen	Region F (3,6)	Region A (3,8)	Region G (3,8)
(15) Informationsquellen	Region F (2,5)	Region I (2,5)	Region A (2,5)
(16) Offenheit der Organisationseinheit	Region H (3,0)	Region G (3,1)	Region A (3,1)
(17) Kenntnis Organisationsstruktur	Region I (2,4)	Region D (2,4)	Region F (2,4)
(18) Information über Konzern	Region A (2,5)	Region I (2,5)	Region F (2,6)
(19) Wissen über die Basis	Region F (3,9)	Region I (4,0)	Region L (4,1)
(20) Wissensmanagement	Region A (3,1)	Region F (3,2)	Region H (3,3)
(21) Einbeziehen in Entscheidungen	Region H (2,6)	Region A (2,7)	Region F (2,7)
(22) Eingreifen der Führungskraft	Region H (2,0)	Region F (2,0)	Region A (2,1)
(23) Einhalten von Zusagen	Region H (2,1)	Region A (2,4)	Region M (2,5)
(24) Förderung der beruflichen Entwicklung	Region A (3,4)	Region G (3,4)	Region D (3,5)
(25) Förderung interner Kooperation	Region H (3,0)	Region A (3,1)	Region D (3,1)
(26) Förderung externer Kooperation	Region F (1,7)	Region D (1,9)	Region A (2,0)
(27) Lob und Anerkennung	Region F (3,2)	Region A (3,3)	Region H (3,3)
(28) Mitarbeiter ist Kapital	Region F (4,0)	Region H (4,1)	Region A (4,1)
(29) Offenheit für Vorschläge	Region H (2,3)	Region D (2,4)	Region A (2,4)
(30) Ungerechtfertigte Kritik	Region H (1,9)	Region F (2,1)	Region L (2,1)
(31) Wertschätzung	Region H (2,8)	Region A (2,8)	Region F (2,9)
(32) Zufriedenheit mit Führungskraft	Region H (2,3)	Region A (2,6)	Region D (2,7)

Tabelle 4: Rankingliste der Beispiel GmbH (Dimension Führung)

Neben dem innerbetrieblichen Vergleich von Auswertungseinheiten kann ein unternehmensübergreifendes Kennzahlen-Benchmarking betrieben werden. Dies wird vor allem die Unternehmensleitung interessieren. EUCUSA hat dazu die EESI-Datenbank (European Employee Satisfaction Index) aufgebaut. Hier sind die Ergebnisse aller Projekte gespeichert. Werden z.B. die Werte der Beispiel GmbH zum Vergleich herangezogen, so ergibt sich Abbildung 21.
Nun zeigt sich ganz deutlich, dass die Beispiel GmbH z.B. in Aspekt 26 – „Förderung externer Kooperation“ einen absoluten Spitzenplatz einnimmt, in den Aspekten 27 – „Lob und Anerkennung“, 28 – „Mitarbeiter ist Kapital“ und 31 – „Wertschätzung“ das Schlusslicht bildet.
Werden solch große Lücken zwischen den eigenen Werten und dem Best in Class (BIC) erkannt, unterstützen wir sehr gerne bei der Initiierung branchenübergreifender Benchmarking-Projekte. Hierbei werden zunächst die besten Unternehmen im jeweiligen Aspekt per Datenbankabfrage ermittelt. Anschließend nimmt EUCUSA Kontakt mit diesen

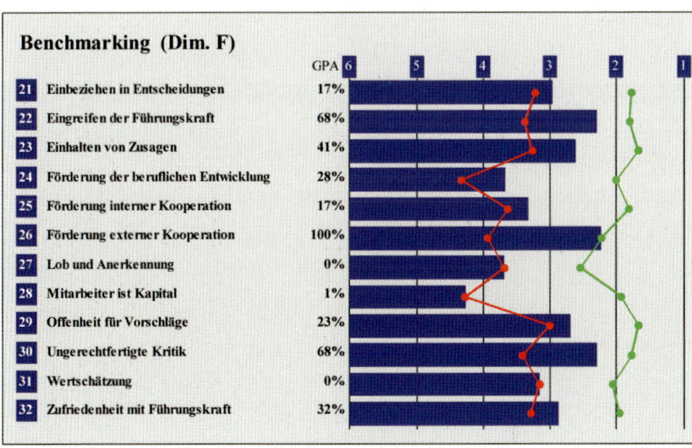

Abbildung 21:
Beispiel für eine Kennzahlen-Benchmarking-Grafik (unternehmensübergreifend)

Unternehmen auf und klärt die Bereitschaft zur Teilnahme an einem Benchmarking-Projekt. Die weitere Vorgehensweise wird im Kapitel „Benchmarking als Methode zur Optimierung“ (siehe Seite 207 ff.) beschrieben.

Die Trend-Grafik

Eine Mitarbeiterbefragung sollte in regelmäßigen Abständen wiederholt werden. Zur Darstellung der Entwicklung der Zufriedenheitswerte wurde die Trend-Grafik entwickelt. Hier werden die Ergebnisse der vergangenen Mitarbeiterbefragungen mit denen der aktuellen Befragung verglichen. Bei unseren Projekten haben wir einige Unternehmen kennen gelernt, die mit anderen Dienstleistern stets den gleichen Fragebogen verwendet haben, damit eine optimale Vergleichbarkeit gewährleistet ist. Wir gehen davon aus, dass ein Grundgerüst von Fragen über die Jahre erhalten bleibt, sich der Rest jedoch in Aussage und auch in Formulierung verändert. Schließlich dient eine Mitarbeiterbefragung nach unserem Verständnis nicht einfach nur dazu, eine Verlaufsgrafik über die Jahre anfertigen zu können. Sie muss sich der aktuellen Unternehmenssituation anpassen und einen aktiven Beitrag dazu leisten, die sich stellenden Fragen zu beantworten.
Aus diesem Grund nennen wir in unseren Berichten neben den Trendgrafiken immer auch die gewählten Formulierungen. So kann sich der Leser selbst ein Urteil darüber bilden, ob bestimmte Fragestellungen miteinander verglichen werden können und wie die jeweiligen Ergebnisse zu interpretieren sind.

Die Tabellen-Grafik

Um einen Überblick über die Ergebnisse der verschiedenen Auswertungseinheiten zu bekommen, verwenden wir die

Tabellen-Grafik. Hier wird der Durchschnittswert für jeden Scope in einer Grafik dargestellt. Pro Aspekt gibt es also eine Tabellen-Grafik. Neben dem Balken ist der Name der Auswertungseinheit niedergeschrieben, und in Klammern wird die Anzahl der Nennungen (N), des Zufriedenheits-Indizes (Z) und – wo möglich – der Wichtigkeit (W) angegeben. Es werden alle Zufriedenheitsfragen sowie der EUCUSA-Index (der Mittelwert aller Antworten) als Tabellen-Grafik angeführt. Sollte ein Scope weniger als die minimale Anzahl der Auswerteeinheit (in der Regel 10) enthalten, so entfällt der Balken, da er nur begrenzt aussagekräftig ist. Bei der Verwendung von Tabellen-Grafiken sollte dringend darauf geachtet werden, dass diese Daten nicht zu weit gestreut werden. Wir alle neigen dazu, uns die schlechtesten Resultate anzusehen, um von den eigenen Verbesserungspotenzialen abgelenkt zu werden Siehe auch die Abbildung 22 (umseitig) zur Frage: *Ich kann mit meiner Führungskraft offen über meine Ideen und Vorschläge sprechen.*

Das Tabellen-Portfolio

Mit dem Handlungsportfolio lassen sich aus der großen Datenmenge die wesentlichen Erkenntnisse ableiten. Das Tabellen-Portfolio zeigt die Streuung der einzelnen Aspekte in einem Bild. An Hand der Demoskopie kann gezeigt werden, welche Auswertungseinheiten extrem vom durchschnittlichen Votum abweichen und daher anders zu behandeln sind. Mit Hilfe des Tabellen-Portfolios, das beispielhaft in Abbildung 23 (umseitig) dargestellt ist, gelingt es, die Unterschiede in den Auswertungseinheiten schnell und effizient zu erkennen. Damit erspart man sich lange und umfangreiche Tabellenbände, in denen man Hunderte von Tabellen mit Zahlenwerten durchgehen muss.

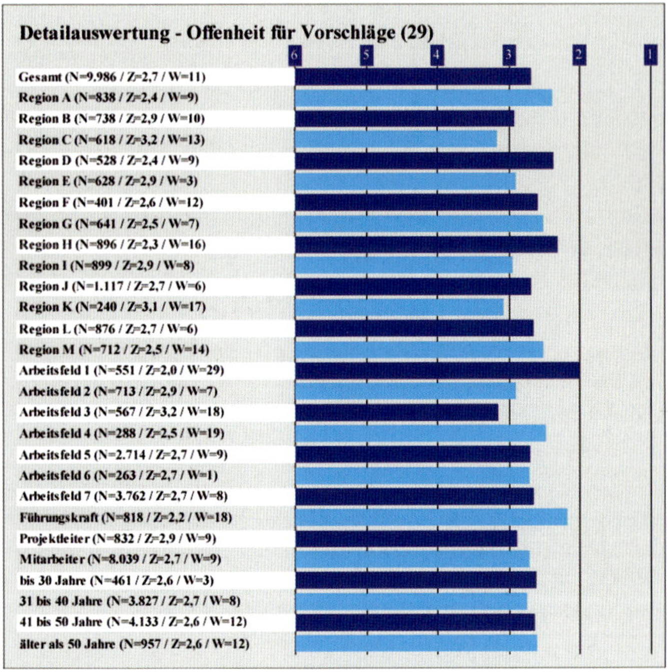

Abbildung 22:
Beispiel für eine Tabellen-Grafik – Aspekt 29: Offenheit für Vorschläge

Es ist deutlich zu erkennen, dass im Arbeitsfeld 1 (Punkt 14) bereits sehr gut Lob und Anerkennung ausgesprochen wird. Es wird ein Zufriedenheitsindex von 2,6 erreicht (Z=2,6). In diesem Arbeitsfeld wird der Aspekt auch nicht als so wichtig eingestuft. Wahrscheinlich wird es mittlerweile als selbstverständlich angesehen, dass es funktioniert. Die 628 Antwortenden in Region C (Punkt 3) hingegen beurteilen den Aspekt als relativ wichtig (W=34 Prozent) und wesentlich schlechter (Z=4,1). Es wäre zweckmäßig zu ergründen, was in Arbeitsfeld 1 anders gemacht wird.

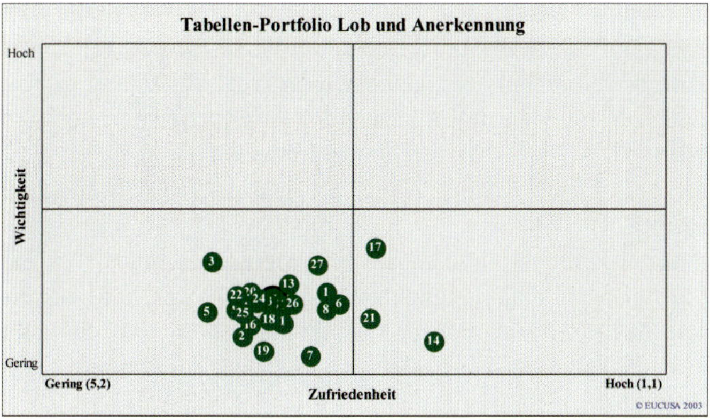

G: Gesamt (N=10.355 / Z=3,7 / W=22)
1: Region A (N=864 / Z=3,3 / W=25)
2: Region B (N=781 / Z=3,9 / W=11)
3: Region C (N=628 / Z=4,1 / W=34)
4: Region D (N=550 / Z=3,6 / W=15)
5: Region E (N=667 / Z=4,1 / W=19)
6: Region F (N=429 / Z=3,2 / W=21)
7: Region G (N=661 / Z=3,4 / W=5)
8: Region H (N=908 / Z=3,3 / W=19)
9: Region I (N=957 / Z=3,9 / W=20)
10: Region J (N=1.167 / Z=3,8 / W=22)
11: Region K (N=264 / Z=3,6 / W=16)
12: Region L (N=892 / Z=3,6 / W=21)
13: Region M (N=739 / Z=3,6 / W=27)
14: Arbeitsfeld 1 (N=558 / Z=2,6 / W=10)
15: Arbeitsfeld 2 (N=778 / Z=3,7 / W=21)
16: Arbeitsfeld 3 (N=569 / Z=3,8 / W=15)
17: Arbeitsfeld 4 (N=295 / Z=3,0 / W=38)
18: Arbeitsfeld 5 (N=2.862 / Z=3,7 / W=16)
19: Arbeitsfeld 6 (N=261 / Z=3,7 / W=7)
20: Arbeitsfeld 7 (N=3.888 / Z=3,8 / W=25)
21: Führungskraft (N=845 / Z=3,0 / W=17)
22: Projektleiter (N=879 / Z=3,9 / W=24)
23: Mitarbeiter (N=8.330 / Z=3,7 / W=22)
24: bis 30 Jahre (N=483 / Z=3,8 / W=23)
25: 31 bis 40 Jahre (N=3.968 / Z=3,9 / W=18)
26: 41 bis 50 Jahre (N=4.294 / Z=3,6 / W=21)
27: älter als 50 Jahre (N=1.000 / Z=3,4 / W=33)

Abbildung 23: Beispiel für ein Tabellen-Portfolio

Das Extremwert-Portfolio

Mit den bisher vorgestellten Übersichtsgrafiken lässt sich sehr effizient die Themenlandschaft erarbeiten, die für eine Verbesserung der Mitarbeiterzufriedenheit relevant ist. Maßnahmen für das Gesamtunternehmen, für einzelne Bereiche und für bestimmte Zielgruppen können abgeleitet werden und in der Folge beginnt die Umsetzung. Was aber nicht bekannt ist, ist die Wirkung, die diese Maßnahmen auf die bereits jetzt zufriedenen bzw. auf die sehr unzufriedenen Mitarbeiter haben wird.

Es ist ein Unterschied, ob ich einer hoch motivierten Person, die aktiv an neue Herausforderungen herantritt, ein neues Anreizsystem im Vorschlagswesen zur Verfügung stelle, oder ob ein leistungsabhängiges Gehaltssystem eingeführt wird. Für einen unzufriedenen Mitarbeiter kann die Veränderung im Gehaltssystem zu weiterer Unzufriedenheit führen.

Welche Faktoren sind nun die Hygienefaktoren, die offenbar bei den Unzufriedenen nicht erfüllt werden, und welche Aspekte sind Motivatoren, durch deren Verstärkung mehr Lust und Freude – vor allem bei den Leistungsträgern – bei der Arbeit entstehen?

Zur Ermittlung der Wirkung auf die Zufriedensten bzw. Unzufriedensten wurde das Extrema-Portfolio entwickelt. Hier werden die 20 Prozent der insgesamt unzufriedensten und die 20 Prozent der insgesamt zufriedensten Mitarbeiter aus dem Ranking aller Antworten zu Gruppen zusammengefasst. Die verbleibenden Personen bilden die dritte Gruppe. Analog zum Tabellen-Portfolio werden die Ergebnisse dieser drei Gruppen dargestellt und mit einer Linie verbunden. Für jeden Aspekt stellen die drei Punkte immer die selbe Personengruppe dar.

Die Abbildung 24 verdeutlicht, dass die insgesamt 20 Prozent zufriedensten Mitarbeiterinnen und Mitarbeiter dem Aspekt „Arbeitsklima" einen wesentlich höheren Stellenwert einräumen als die 20 Prozent der Unzufriedensten. Daraus ist zu schließen, dass es sich bei diesem Aspekt um einen echten Motivationsfaktor handelt. Eine Investition in die weitere Verbesserung des Arbeitsklimas zahlt sich aus, da der Aspekt damit in den Bereich der strategischen Vorteile gerückt wird.

Im zweiten Beispiel (siehe Abbildung 25) sehen wir einen Aspekt, der bei steigender Zufriedenheit deutlich an Wichtigkeit verliert. Man kann diese Aspekte in Anlehnung an

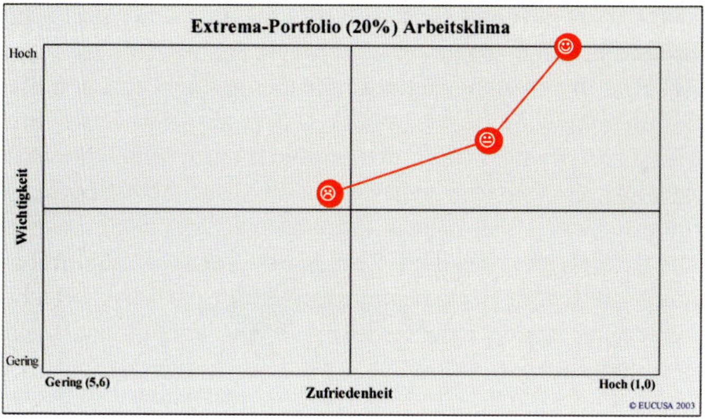

Abbildung 24: Beispiel für ein Extremwert-Portfolio „Arbeitsklima"

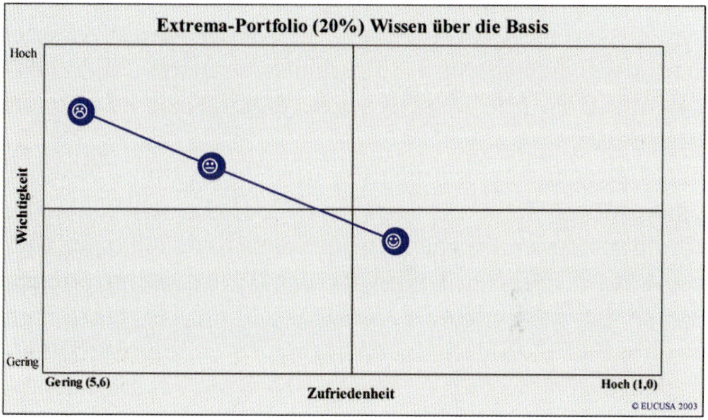

Abbildung 25: Beispiel für ein Extremwert-Portfolio „Wissen über die Basis"

andere Modelle als Hygienefaktoren oder Basisanforderungen bezeichnen. Wenn sie nicht erfüllt werden, bekommen sie Problemcharakter. Wenn sie erfüllt werden, entsteht der Eindruck, dass sie kaum wahrgenommen werden. Es sollte

also darauf geachtet werden, dass stets die Mindestanforderungen erfüllt werden.
Bei sehr vielen Aspekten wird die Wichtigkeit von den drei Gruppen sehr ähnlich beurteilt. Durch die Distanz der drei Punkte zueinander kann den Grafiken entnommen werden, welchen Einfluss die Aspekte auf die Gesamtzufriedenheit haben. Liegen die beiden Extremwerte sehr weit auseinander, so deutet dies darauf hin, dass ein enger Zusammenhang zwischen Aspekt und Gesamtzufriedenheit besteht. Liegen die beiden Extremwerte sehr nah aneinander, so ist der Einfluss eher gering.
Nicht nur Einfluss auf die Gesamtzufriedenheit, sondern auch der Polarisierungsgrad in der Mitarbeiterschaft, den der Aspekt verursacht, ist aus der Distanz abzulesen. Liegen die Punkte weit auseinander, löst der Faktor offenbar bei den insgesamt Unzufriedenen ein weit größeres Ärgernis aus, als es die insgesamt Zufriedenen verspüren. In den Abbildungen 26 und 27 sind solche Aspekte zur Erläuterung dargestellt.
Das Extrema-Portfolio dient in der Optimierungsphase zur Überprüfung der Wirkung auf die Mitarbeiterschaft. Werden die Maßnahmen eher den Unzufriedenen dienen, oder werden sie zur stärkeren Motivation der Zufriedenen beitragen? Durch das Abklopfen der Vorhaben mit dem Extrema-Portfolio erhält die Geschäftsleitung eine wertvolle Wirkungsprognose.

Die Management-Spiegelbefragung

Manchmal spüren Sie im Vorfeld der Erstpräsentation vor dem Management, dass bei einzelnen Personen noch wenig Hoffnung über den Erkenntnisgewinn aus den Ergebnissen einer Mitarbeiterbefragung zu erkennen ist. Es herrscht der Glaube, dass die Mitarbeiterbefragung keine neuen Erkennt-

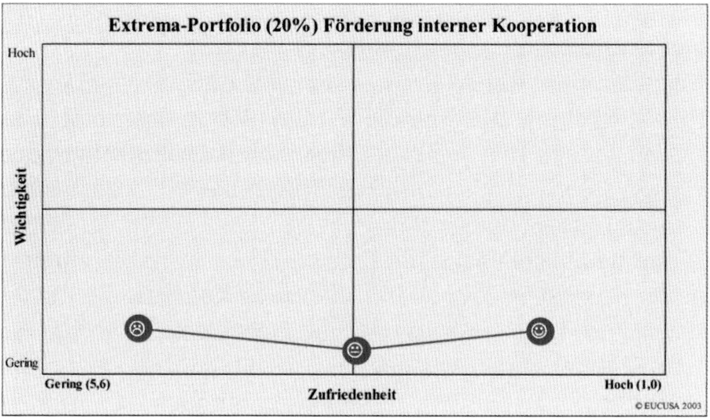

Abbildung 26:
Beispiel für ein Extremwert-Portfolio „Förderung interner Kooperation"

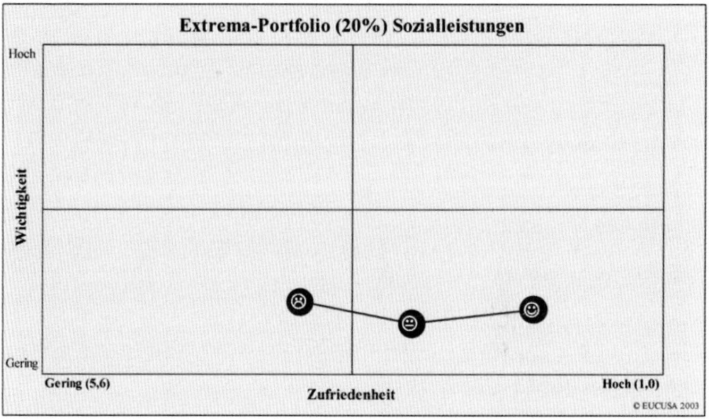

Abbildung 27: Beispiel für ein Extremwert-Portfolio „Sozialleistungen"

nisse liefern wird: „Wir wissen ohnedies sehr genau, was läuft" ist eine jener Aussagen, die dies deutlich machen.
In solchen Fällen, oder immer dann, wenn Sie noch mehr Veränderungsenergie freisetzen möchten, bietet sich eine Management-Spiegelbefragung an.

Bei dieser Vorgehensweise verteilen Sie zu Beginn der Ergebnispräsentation den Fragebogen an die teilnehmenden Manager und bitten sie, den Fragebogen jetzt so auszufüllen, wie ihn die Mitarbeiter ihrer Meinung nach ausgefüllt haben. Dies bedeutet, dass sich jeder Einzelne noch einmal intensiv mit dem Thema auseinander setzen muss und den Fragebogen kennt.

Während anschließend die Ergebnisse der Mitarbeiterbefragung vorstellt werden, lassen Sie einen Kollegen die Fragebögen erfassen und auswerten. Dazu hat EUCUSA ein Extra-Modul entwickelt, mit dem die Ergebnisse der beiden Befragungen einander in wenigen Minuten gegenübergestellt werden können.

Dies bedeutet, dass wir inklusive Erfassen bereits nach etwa einer Stunde eine Vergleichsgrafik (siehe Abbildung 28) vorliegen haben.

Mit dieser Grafik können Sie deutlich machen, dass das Management als Kollektiv in der Regel ein gutes Gespür für die Unterschiedlichkeit der Bewertung einzelner Aspekte hat,

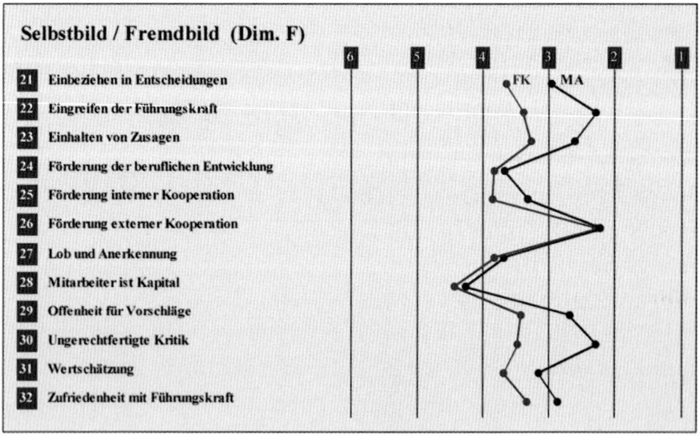

Abbildung 28: Selbstbild/Fremdbild-Grafik

jedoch nicht unbedingt für die genauen Werte. Die „Fieberkurven" haben also eine ähnliche Form, liegen aber etwas versetzt.

Ist das Gremium groß genug für eine Bewertung der Wichtigkeiten nach unserem reduktiven Ansatz, so kann das „Selbstbild-Fremdbild-Portfolio" (siehe Abbildung 29) zum Einsatz kommen. Hier werden die einzelnen Punkte beider Auswertungen in einem Portfolio dargestellt und durch Pfeile miteinander verbunden. Der Endpunkt mit dem großen Kreis ist der von den Mitarbeitern angegebene Wert.

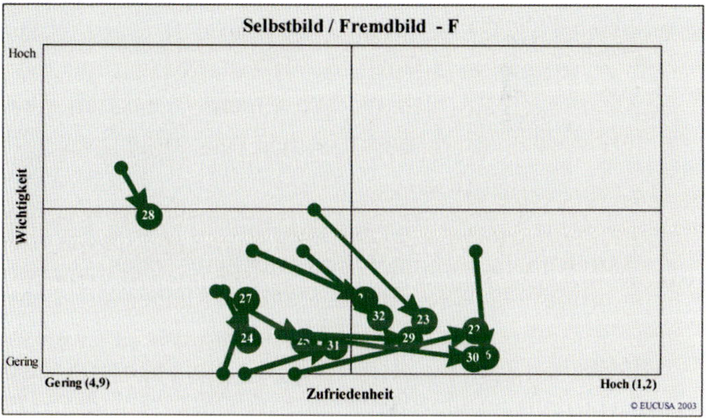

Abbildung 29: Selbstbild/Fremdbild-Portfolio

Nun wird deutlich, dass sich das Management auch in der Beurteilung der Wichtigkeit nicht besonders leicht tut. Das dargestellte Beispiel hat übrigens durchaus einen Realitätsbezug. Bei den Aspekten der Dimension Führung wird von Führungskräften meist eine höhere Wichtigkeit vermutet.

Die Mitarbeiterinformation

Im Anschluss an die Analysephase ist es wichtig, die Ergebnisse schnell an die Mitarbeiter zu transportieren. Aus

diesem Grund hat EUCUSA eine Form der Mitarbeiterinformation entwickelt, die vorab als Ergebniszusammenfassung an alle Mitarbeiter verteilt werden kann. Selbst in sehr großen Projekten sollte diese Information innerhalb einer Woche nach Abgabeschluss vorliegen.
Die Mitarbeiterinformation hat folgende Elemente:

- *Eine kurze Projektbeschreibung*
  Angaben zum Projektzeitraum, den beteiligten Personen, Rücklaufquote, Gesamtergebnis sowie eine kurze Beurteilung des Ergebnisses.

- *Die Projektergebnisse in der Übersicht*
  Wir verwenden als Übersichtsgrafik die Dimensionsübersicht, da hier mit wenigen Worten das Gesamtergebnis beschrieben werden kann.

- *Die Ergebnisse im Detail*
  Wir beschreiben die Ergebnisse jeder Dimension getrennt und stellen den jeweiligen Zufriedenheits-Index an Hand eines grafischen Elementes dar. Bewährt haben sich dabei die bekannten Sonnen-Wolken-Logos für die unterschiedlichen Zufriedenheitsgrade, die von „hervorragend" bis „stark verbesserungswürdig" reichen.

hervorragend

sehr gut

gut

durch-schnittlich

verbesserungs-würdig

stark verbesserungs-würdig

- *Der Ausblick*
  Abschließend sollte eine Stellungnahme zu den Ergebnissen und ein Ausblick auf die weitere Vorgehensweise gegeben werden. Damit sind alle Mitarbeiter auf dem Laufenden, wie die Ergebnisse ausgefallen sind, und was nun weiter geschieht.

Beim Abschluss ist es ganz entscheidend, dass die richtige Botschaft ausgesendet wird. Bitte vermeiden Sie zu viel Euphorie, versprechen Sie nichts, was Sie nicht halten können. Denken Sie immer daran, dass Zufriedenheit aus einem Vergleichsprozess von Erwartung und Erfüllung entsteht. Versprechen Sie lieber etwas weniger und erfüllen Sie dann ein bisschen mehr.

Die Mitarbeiterinformation kann als sechsseitige Broschüre erstellt werden, die Verteilung erfolgt entweder gedruckt oder elektronisch. Die Erfahrung zeigt, dass sie von ungefähr der Hälfte der Mitarbeiter tatsächlich gelesen wird, und sich so niemand schlecht informiert fühlt.

Menschen, deren Meinung abgefragt wurde, haben ein Recht darauf, zu erfahren, was mit ihrem Input geschieht. Befragte Mitarbeiter wollen erfahren, was sich auf Grund ihrer Antworten ändern wird. Im EUCUSA-Modell wird deshalb auf die Rückmeldung von Ergebnissen an die befragten Partner hoher Wert gelegt. Denn:

Die Rückmeldung des Ergebnisses ist das Ausrufezeichen in einer Einladung zum Dialog, der mit einer Befragung begonnen hat.

Ergebnisse als Teil der Balanced Scorecard

Die Ergebnisse sind gut dazu geeignet, in eine Balanced Scorecard einzufließen, die sich in vielen Unternehmen bereits als strategisches Führungsinstrument entwickelt hat.

Daher sollte bereits in der Konzeption der Befragung ein Vertreter des Kennzahlensystems in das Projekt eingebunden werden, um die Nahtstelle bereits im Vorfeld zu definieren. Welche Informationen werden genau gewünscht, wie sind die Kennzahlen zu berechnen und in welchem Format sind sie zu liefern? Mit diesen Informationen kann der Projektbegleiter die Daten entsprechend aufbereiten und zur Verfügung stellen.
Zur häufigen Aktualisierung der Daten kann die Mitarbeiterbefragung als rollierende Befragung konzipiert werden.

Die Optimierung

In der fünften Phase erfolgt die Optimierung. Hier entsteht die Wertschöpfung, durch die sich das Gesamtprojekt in möglichst kurzer Zeit amortisiert. Es gilt, mit möglichst geringem Aufwand die relevanten Verbesserungsmaßnahmen umzusetzen. Ein Fehler, der dabei häufig gemacht wird, ist, dass nur die negativen Dinge herausgearbeitet werden.
Es ist zwar ein Fakt, dass der Erfolg von gestern und heute der größte Feind von Veränderungen ist, er ist aber auch die Grundlage von Motivation und Stolz. Daher sollte immer zu den beiden Fragen

- Was wollen wir bewahren, weil es sich bewährt hat?

und

- Was müssen wir verändern, weil es anders gefordert wird?

Stellung bezogen werden. Wobei dies zwei Seiten der selben Medaille sind. Beides bedeutet ein aktives Tun oder Unterlassen. Es ermöglicht, am Gestern anzuknüpfen und auf das Morgen erwartungsvoll und angstfrei zuzugehen.
Es gibt zahlreiche Konzepte, die geeigneten Maßnahmen abzuleiten. Im Folgenden sind einige beschrieben.

Die Informationsveranstaltungen

Reine Informationsveranstaltungen können dazu dienen, die Detailergebnisse schnell und effizient zu kommunizieren. Die Ergebnisse des Gesamtunternehmens können innerhalb einer halben Stunde auch vor großem Publikum präsentiert werden. Man erspart sich damit, dass jeder Mitarbeiter den Bericht individuell durcharbeitet. Im Rahmen einer Betriebsversammlung kann solch eine Präsentation ein Tagesordnungspunkt sein. Auch Jahresauftaktveranstaltungen, das Sommerfest oder eine eigens einberufene Zusammenkunft haben sich hier bewährt.
Wesentlich ist, dass den Menschen signalisiert wird, dass nach der Befragung auch eine Umsetzung erfolgt. Hier kann nicht oft genug betont werden, dass die oberste Führungskraft auf so einer Veranstaltung Stellung beziehen muss und darüber berichten sollte, welche Schritte nun als Nächstes geplant sind.
Die Ergebnispräsentation selbst sollte durch den externen Partner erfolgen, da dieser von den Befragten als unabhängiger Experte angesehen wird. Sehr problematisch kann es werden, wenn in den Reihen der Mitarbeiterinnen und Mitarbeiter das Gefühl entsteht, dass die Ergebnisse manipuliert wurden.

Der Aktions-Workshop

In vielen Projekten hat es sich bewährt, im Anschluss an die Befragung die Teilergebnisse der einzelnen Auswerteeinheiten nicht einfach nur zu präsentieren, sondern bei dieser Zusammenkunft unmittelbar geeignete Aktionen abzuleiten. Aus diesem Anspruch wurde der sogenannte Aktions-Workshop entwickelt.
Zunächst werden hier die Ergebnisse der Gesamtorganisation umrissen. Dazu reicht in der Regel die Präsentation

des Handlungsportfolios. Anschließend werden die Ergebnisse der jeweiligen Auswertungseinheit vorgestellt und im Detail diskutiert.
Nach der Präsentation werden eventuell entstandene Fragen geklärt. Damit ist meist die erste Stunde vergangen, und es tut gut, eine kurze Pause anzuschließen. In dieser Pause diskutieren die Teilnehmer die Ergebnisse meist sehr intensiv.
Es folgen die beiden entscheidenden Fragen des Workshops:

- Auf welche Aspekte können wir als Team besonders stolz sein? Was ist unbedingt zu erhalten? Bewährtes bewahren, und
- Welche Aspekte erfordern eine Optimierung, die wir in diesem Team auch leisten können? (maximal drei Punkte)

Diese Fragen können in Kleingruppen oder im Plenum bearbeitet werden. Entscheidend ist die Polarität der Fragen. Das Nachdenken über die positiven Punkte lässt die beteiligten Personen das Energieniveau aufrecht erhalten, das notwendig ist, um auch die bevorstehenden Aufgaben zu bewältigen. Fehlt diese positive Energie, artet der gesamte Workshop oft in ein allgemeines Jammern aus.
Wichtig ist, dass wirklich nur die Themen im Detail diskutiert werden, die auch in diesem Kreis gelöst werden können. Es macht wenig Sinn, sich stundenlang über ein besseres Entlohnungssystem oder ein Arbeitszeitmodell Gedanken zu machen, wenn die dafür Verantwortlichen nicht Teil der Gruppe sind.
Gibt es in Bezug auf solch übergreifende Themen immer wieder Diskussionen, sollte der Moderator die Anregungen sammeln und versprechen, sie dem verantwortlichen Gremium zur Verfügung zu stellen. Damit werden derartige Diskussionen meist sehr viel zielgerichteter und insbesondere kürzer.

Ein Aktions-Workshop ist nach ca. 2,5 bis 3,5 Stunden abgeschlossen. Die gemeinsam erarbeiteten konkreten Punkte werden visualisiert und mit Verantwortlichkeiten und Terminen versehen. Das Protokoll dient allen Beteiligten als Stütze und Kontrollinstrument während der anschließenden Diskussion.

Initiierung von Projekten

Aus den Ergebnissen abgeleitet ergeben sich oft Verbesserungsmaßnahmen, die so umfangreich sind, dass dafür eigene Projekte entstehen. Im Folgenden sind einige Punkte zusammengestellt, die beim Initiieren dieser Projekte nicht vergessen werden sollten.

Die Rolle des Zufriedenheits-Teams
Sobald die Befragung abgeschlossen ist und die Ergebnisse kommuniziert sind, kann das Zufriedenheits-Team in seiner Funktion aufgelöst werden. Das Know-how der Mitglieder kann nun für die konkrete Projektarbeit genutzt werden. Überlegen Sie sich, wen Sie in ein Verbesserungsprojekt einbeziehen möchten.

Erkenntnisse für die nächste Befragung
Aus den initiierten Projekten ergeben sich häufig neue Fragestellungen. Diese können bei der nächsten Mitarbeiterbefragung genutzt werden. Denken Sie auch daran, dass Sie Ihr Projekt mit Hilfe der nächsten Mitarbeiterbefragung evaluieren können. Haben Sie z.B. als Projektaktivität das Angebot an Gesundheitsförderung verbessert, so können Sie die Mitarbeiter danach fragen, wie viele das Angebot nutzen und wie zufrieden sie damit sind.

- *Nutzung des Datenmaterials*
  Aus einer Mitarbeiterbefragung können sehr viele Detailergebnisse abgeleitet werden. Wenn Sie an einer spezifischen Fragestellung interessiert sind, fragen Sie Ihren externen Dienstleister, ob er aus dem Datenmaterial eine Antwort auf Ihre Frage geben kann. Es macht einen großen Unterschied, ob Sie ein Projekt mit Mutmaßungen und Bauchgefühlen, oder mit klaren Indikatoren beginnen.

- *Auf die Mitarbeiterbefragung verweisen*
  Achten Sie in der Ergebniskommunikation Ihrer Projekte darauf, dass stets ein Konnex zur Mitarbeiterbefragung hergestellt wird. Schließlich wurde Ihr Projekt durch die Ergebnisse dieser Befragung angestoßen. Hierbei geht es nicht darum, Ihre Leistungen als Projektleiter zu schmälern, sondern um die zukünftige Beteiligung an Mitarbeiterbefragungen. Wenn es Ihnen im Laufe der Jahre gelingt, jedem Mitarbeiter zu verdeutlichen, dass es Sinn macht, sich alle zwei Jahre an der Aktion zu beteiligen, werden Sie ein sehr starkes Instrument etabliert haben.

Das Umsetzungs-Audit

Wir haben in vielen Projekten gelernt, dass die Ableitung von Maßnahmen durch eine gute Aufbereitung der Ergebnisse in Grafiken sehr gut unterstützt wird. Die Unternehmen sehen sich damit in die Lage versetzt, diese Maßnahmen selbständig umzusetzen.
Problematisch ist dabei, dass die Verantwortlichen häufig durch das Tagesgeschäft bereits so ausgelastet sind, dass diese Zusatzaufgaben mit einer niedrigeren Priorität versehen werden. Das ist letztendlich auch nicht anders zu erwarten, denn meist werden die Aufgaben nicht im per-

sönlichen Zielsystem abgebildet und sind damit auch nicht Bestandteil der Boni etc.
Sogar in Projekten, bei denen das Top-Management die volle Unterstützung für das Projekt und die Umsetzung zugesagt hat, passiert es, dass vereinbarte Maßnahmen nicht umgesetzt werden, weil das Tagesgeschäft eine höhere Aufmerksamkeit erhält.
Aus diesen Gründen stellen Umsetzungs-Audits eine wirkungsvolle Methode dar, die Umsetzung sicherzustellen. Zu Beginn der Umsetzungsphase wird eine Zielvereinbarung zwischen den Verantwortlichen und einem Externen erarbeitet, in der geklärt wird, was genau bis wann zu leisten ist und ob dafür externe Unterstützung benötigt wird.
Ab diesem Zeitpunkt kontaktiert der Externe mindestens einmal pro Monat den Umsetzungsverantwortlichen. Einmal pro Quartal findet ein persönliches Treffen statt (mindestens für eine Stunde). Hier wird der Stand des Projektes dargestellt, und es wird besprochen, ob weitere Unterstützung benötigt wird.
Oft ergibt es sich erst nach ein paar Wochen oder Monaten, dass die Unterstützung von Experten in einem bestimmten Gebiet notwendig wird. EUCUSA vermittelt bei Bedarf Kontakte aus ihrem internen Experten-Netzwerk. Auf Wunsch wird die Projektleitung bei der Argumentation gegenüber der Geschäftsleitung unterstützt.
Mit dem Umsetzungs-Audit wird also sichergestellt, dass die vereinbarten Verbesserungsmaßnahmen umgesetzt werden, und dass der Projektleiter stets auf Unterstützung zurückgreifen kann.

Benchmarking als Methode zur Optimierung

Das Benchmarking (BM) hat einen wesentlichen Platz unter den Managementtechniken eingenommen. Die flexiblen

Einsatzmöglichkeiten als Werkzeug zur Überwindung verkrusteter Unternehmensstrukturen und als Instrument zum Aufzeigen der Optimierungsmöglichkeiten von Geschäftsprozessen bis hin zur Entscheidungsunterstützung bei Fragen der strategischen Ausrichtung von Unternehmen machen Benchmarking so erfolgreich.
Das Benchmarking ist – in Ergänzung zum klassischen Unternehmensvergleich – durch das systematische Suchen nach rationellen Vorgehensweisen und besseren Lösungen für detaillierte Problemfelder und Prozesse außerhalb der eigenen Welt gekennzeichnet.
Nicht die Unterschiede zu anderen sind beim Benchmarking der Schwerpunkt der Untersuchung, sondern die gezielte Identifikation hervorragender Praktiken, mit denen überdurchschnittliche Wettbewerbsvorteile zu erreichen sind. Benchmarking ist entscheidend durch zwei Fragen gekennzeichnet: Wie machen es andere besser? Und: Was können wir daraus lernen?

Es geht um das KAPIEREN und nicht um das KOPIEREN!

Der Beweis der Durchführbarkeit neuer Ideen durch ihre tägliche Anwendung in anderen Unternehmen und die damit verbundene Motivation der eigenen Mitarbeiter ist ein wesentlicher Vorteil von Benchmarking. Erst der Blick über den Tellerrand ermöglicht deutliche Leistungssprünge. Damit erweist sich das Benchmarking als ein hervorragendes Instrument zur Leistungssteigerung für Unternehmen aus allen Branchen.
Bei Projekten zur Steigerung der Mitarbeiterorientierung nach dem vorgestellten Modell kann unmittelbar nach der Analyse ein branchenübergreifender Kennzahlen-Vergleich erfolgen (siehe Abbildung 30).

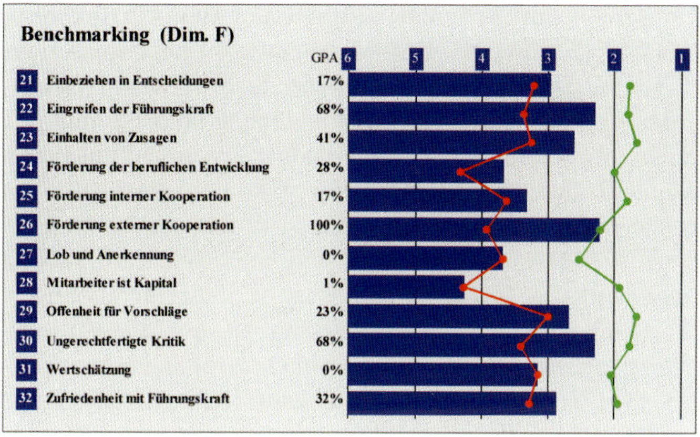

Abbildung 30: Unternehmensübergreifendes Kennzahlen-Benchmarking

Die Balken sind die Werte des eigenen Unternehmens, die rechte Linie die vorliegenden „Best-in-Class"-Werte (BIC). Die linke Linie gibt die bislang vorliegenden Werte mit größtem Verbesserungspotenzial wieder (HIP = highest improvement potential). Der Grad der Potenzialausschöpfung (GPA) drückt die relative Position zwischen BIC und HIP aus. Ist der Prozentsatz sehr niedrig, gibt es ein hohes Lernpotenzial, ist der Prozentsatz sehr hoch – im Idealfall 100% – können andere Unternehmen von Ihnen lernen.
Im vorliegenden Beispiel sieht das Unternehmen, dass es im Aspekt „Förderung externer Kooperation" den Spitzenwert einnimmt, während die Aspekte „Lob und Anerkennung", „Mitarbeiter ist Kapital" und „Wertschätzung" noch große Verbesserungspotenziale enthalten. Solch ein Kennzahlen-Benchmarking eignet sich hervorragend, um schnell und effektiv eine Positionsbestimmung des eigenen Unternehmens durchführen zu können.

Es werden die Potenziale deutlich, der Weg der Verbesserung ist daraus jedoch nicht ersichtlich. Eine Antwort auf diese Frage gibt ein Benchmarking-Projekt. Ein Benchmarking-Projekt besteht prinzipiell aus fünf Kernphasen (siehe Abbildung 31). In der täglichen Benchmarking Praxis können diese Kernphasen um unternehmensspezifische Schwerpunkte erweitert werden.

Zielsetzung

Ausgangspunkt des Benchmarking ist die Zielsetzungsphase. Hier wird der Fokus des Benchmarking-Projekts festgelegt. Diese Phase ist für den gesamten weiteren Prozess von entscheidender Bedeutung, da Fehler oder mangelnde Sorgfalt das Ergebnis verfälschen oder unbrauchbar machen.
Es ist wichtig, das Management schon in dieser Phase einzubinden, da die sichtbare Unterstützung und die aktive Begleitung der Benchmarking-Projekte durch das obere Management während aller Projektphasen ein Schlüsselfaktor für das Gelingen des Benchmarking ist.

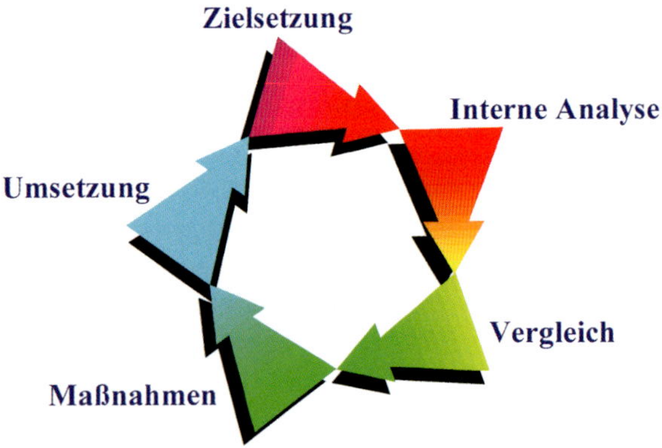

Abbildung 31:
Das Fünf-Phasen-Konzept (nach Informationszentrum Benchmarking 1997)

Interne Analyse

Die interne Analyse ist in den meisten Projekten die zeitintensivste Phase des Benchmarking. Nach einer Untersuchung von 3M werden dafür ca. 45 Prozent der gesamten Projektlaufzeit benötigt (siehe Abbildung 32).

In dieser Phase wird die Grundlage für das Verständnis der eigenen Prozesse gelegt. Hier werden bereits erste Stärken und Verbesserungspotenziale aufgedeckt.

Zunächst sind dazu die zu betrachtenden Geschäftsprozesse zu identifizieren. In einem zweiten Schritt sind die Prozesse soweit zu detaillieren, dass ein gemeinsames Verständnis aller Projektbeteiligten sichergestellt ist. In vielen Fällen bietet sich auf Grund der hohen Komplexität der untersuchten Prozesse eine Modellierung an. Solch ein Modell kann auch später genutzt werden, um im Vergleichsunternehmen die eigenen Prozesse darzustellen. Unterschiedliche Modellierungswerkzeuge haben sich hierzu am Markt etabliert. Für eine tiefere Auseinandersetzung empfehlen wir die einschlägige Fachliteratur.

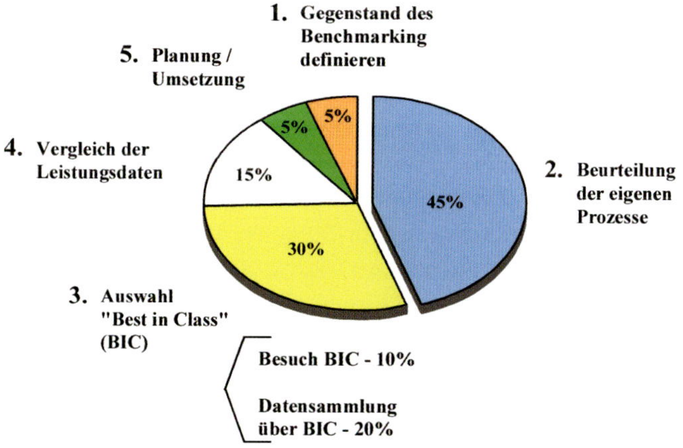

Abbildung 32: Zeitanteile in einem Benchmarking-Projekt (nach 3M 1996)

Die Vergleichsphase

In dieser Phase stehen die Auswahl von geeigneten Benchmarking-Partnern und der eigentliche Vergleich der Prozesse im Vordergrund. In dieser Phase ist es besonders schwierig, Partner zu finden, die bereit sind, sich offen auszutauschen und damit in einen gegenseitigen Lernprozess einzusteigen. Dies bedeutet, dass der Partner einen vergleichbaren Prozess bzw. Prozessabschnitt in seinem Unternehmen etabliert hat, bei diesem Prozess zumindest in Teilaspekten deutliche Vorteile aufweisen kann und zur Teilnahme bereit ist.
Die Herausforderung während der Durchführung des eigentlichen Vergleichs besteht darin, den Vergleichsprozess wirklich zu verstehen, seine Stärken zu erkennen und die Wirkungszusammenhänge zu begreifen. Hilfreich dabei sind Kennzahlen, die eine Gegenüberstellung vereinfachen, eine Modellierung, die den Prozess schnell verständlich macht, und ein Fragebogen für den Partner, an Hand dessen sich dieser in die Problematik einarbeiten und für den Austausch vorbereiten kann. Der persönliche Austausch von Informationen ist hierbei jedoch durch keine Kennzahlen oder Prozessmodellierungen zu ersetzen. Gerade beim Zusammentreffen der Benchmarking-Partner, der am besten bei einem der Partner und nicht auf neutralem Boden stattfinden sollte, werden Informationen ausgetauscht, die sich schwer dokumentieren lassen. Im Produktions- oder Logistikbereich kann darüber hinaus hautnah der Prozess erlebt werden, wodurch dem Benchmarking-Besucher der Zusammenhang zwischen den verschiedenen Kennzahlen meist sehr viel klarer wird. Hier findet das gegenseitige Lernen statt – man spricht auch vom „Moment der leuchtenden Augen“.

Ableitung von Maßnahmen

Die Ableitung von geeigneten Maßnahmen ist beim Benchmarking meistens eine sehr kurzweilige Angelegenheit.

Bereits nach dem Benchmarking-Treffen werden die Erfahrungen protokolliert, das Gesehene und Gehörte gemeinsam verarbeitet und niedergeschrieben. Daraus ergeben sich pro BM-Treffen bereits mehr mögliche Maßnahmen, als letztendlich umgesetzt werden können.
Die Kunst besteht nun darin, aus den vielen Ideen, die im Laufe der zwei bis fünf Besuche entstanden sind, die Wesentlichen zu identifizieren und aufzubereiten. Sinn und Zweck sind zu beschreiben, Einsparungspotenziale und Umsetzungskosten abzuschätzen.
Die Aufgabe des Benchmarking-Teams besteht letztendlich darin, die Resultate aus den Analysen dem Management und allen beteiligten Mitarbeitern zu vermitteln. Es ist sinnvoll, die Analyseergebnisse in Workshops zu präsentieren und mit allen Anwesenden zu diskutieren. Dies fördert ein gemeinsames Verständnis der eigenen Stärken und Schwächen. Daraus lassen sich dann realistische und messbare Maßnahmen definieren.

Umsetzung

Der abschließende Schritt des Benchmarking-Prozesses ist die Umsetzung der Maßnahmen. Das Gelernte soll nicht blind kopiert, sondern auf das eigene Unternehmen übertragen werden („nicht kopieren, sondern kapieren“). An Hand der gesetzten Meilensteine kann der Fortschritt stetig kontrolliert werden.
Damit die Leistungssteigerungen mit den Zielsetzungen verglichen werden können, sollte ein Messsystem direkt im Prozess integriert werden.
Das Benchmarking gestaltet sich als ein kontinuierlicher Prozess im Unternehmen. Es handelt sich um einen stetigen Ablauf der Selbsterneuerung und Verbesserung. Nach der Implementierung der Verbesserungsmaßnahmen ist zu messen, in welchem Maße die anfänglich festgelegten Ziele

erreicht wurden. Dies kann zum Teil auch in Form einer Mitarbeiterbefragung erfolgen.
Durch die Veränderungen des eigenen Unternehmens sowie der ständigen Entwicklung neuer Methoden und verbesserter Prozesse ist zur Erhaltung des Wettbewerbsvorteils regelmäßig zu überprüfen, ob die ermittelten Bestleistungen noch Gültigkeit haben, und in welchem Maße sich die eigenen Leistungen in Relation dazu weiterentwickelt haben.
Die Umsetzungsphase stellt – wie in allen Projekten – eine besonders kritische Phase dar. In den Benchmarking-Projekten werden meist sehr viele Anregungen aus anderen Unternehmen aufgegriffen und voller Euphorie im Benchmarking-Team diskutiert. Konkrete Maßnahmen können leicht abgeleitet werden und die Umsetzung erscheint auf den ersten Blick viel versprechend.

Gefahren

Der hier beschriebene Weg erscheint einfach, in der Praxis zeigen sich jedoch viele Fallen und Hürden. Die latent bei allen Partnern vorhandene Befürchtung, eigenes Wissen preiszugeben, ohne dafür entsprechende Kompensation zu erhalten, verlangt vom Moderator und Prozessbegleiter ein hohes Maß an Erfahrung und sozialer Kompetenz.
Die Partneransprache ist in der Regel ein mühsamer Prozess. In der Regel müssen drei bis sieben Mal mehr Partner angesprochen werden, als letztendlich besucht werden können. Bei der Ansprache hilft der international gültige Verhaltenskodex, um dem gegenseitigen Vertrauen eine schriftliche Basis zu geben.
Da sich Benchmarking-Projekte auf Grund der durchzuführenden Schritte über sechs bis zwölf Monate erstrecken, ist die Gefahr des „Einschlafens“ nicht zu unterschätzen. Externe Prozessbegleiter sorgen hier für die notwendige Motivation und halten den Prozess am Leben.

Die Praxis hat gezeigt, dass letztendlich die Umsetzung der Ergebnisse die größte Schwachstelle darstellt. Obwohl sehr gute Ansatzpunkte für Verbesserungen vorhanden sind, werden diese nicht umgesetzt. Auch zu diesem Zweck können externe Personen als „Schrittmacher" genutzt werden.

Die Evaluierung

Erfahren, was sich bewährt hat und was nichts gebracht hat – das ist Sinn und Zweck der Wiederholungsmessung. Rund 70 Prozent unserer Klienten beauftragen EUCUSA nach ein bis drei Jahren mit der Wiederholung von Mitarbeiterbefragungen.

In dieser Phase können Sie erneut auf Ihr Zielsystem zurückgreifen. Gehen Sie alle Ziele durch. Welche haben Sie erreicht, welche nicht? Warum sind Einzelne so einfach und andere gar nicht erreicht worden? Was waren die förderlichen Faktoren, was waren die hinderlichen?

Eine Evaluierung muss jedoch nicht zwingend als Vollbefragung konzipiert sein. Es reicht bereits ein repräsentativer Ausschnitt der Grundgesamtheit, um eine fundierte Aussage zu erhalten. Aber denken Sie daran, was Sie erreichen möchten.

Nutzen Sie nicht jedes Mal den gleichen Fragebogen. Der Rumpf kann beibehalten werden, um Trends erkennen zu können; bei den Zusatzfragen und einzelnen Dimensionen werden sich jedoch immer wieder neue aktuelle Aspekte ergeben.

Erheben Sie parallel einige harte Kriterien. So können Sie langfristig den Zusammenhang zwischen den Indikatoren, bezogen auf Ihr Unternehmen, erkennen. Sobald Sie diese Daten vorliegen haben, wird es ein Leichtes sein, Budgets für mehr Mitarbeiterorientierung zu bekommen.

Die Prozessbefragung

In Unternehmen besteht manchmal der Wunsch, bereits nach sehr kurzer Zeit detaillierte Informationen darüber zu bekommen, wie die Ergebnisse aus der Befragung umgesetzt werden. Zu diesem Zweck bietet sich nach neun bis zwölf Monaten die sogenannte Prozessbefragung an.

Im Unterschied zur Mitarbeiterbefragung wird nur der Verbesserungsprozess beurteilt, wodurch auch der Name entstanden ist. Es wird darauf geachtet, dass das Erhebungsinstrument sehr kurz gehalten ist und maximal fünf Minuten Aufmerksamkeit erfordert. Daher bietet es sich an, die Prozessbefragung auch Online durchzuführen.

In einem ersten Block werden Prozessaussagen getroffen wie z.B.:

- Die letzte Mitarbeiterbefragung war sehr gut organisiert.
- Über die Ergebnisse der letzten Mitarbeiterbefragung wurde ich umfassend informiert.
- Aus der Mitarbeiterbefragung wurden geeignete Maßnahmen abgeleitet.
- Die abgeleiteten Maßnahmen werden konsequent umgesetzt.

In einem zweiten Block haben Zusatzfragen bzw. aktuelle Tagesthemen Platz. Im dritten Block können wesentliche Aspekte der letzten Befragung (linker oberer Quadrant im Handlungsportfolio) nach ihrer Entwicklung abgefragt werden. Beispielhaft kann dies so aussehen, wie in Abbildung 33.

Bei diesem Fragenblock bietet sich eine ungerade Anzahl von Antwortmöglichkeiten an, da durchaus die Meinung bestehen kann, dass es keinerlei Veränderung gegeben hat.

Im abschließenden Block wird die Demoskopie erfragt. Bei Online-Befragungen kann auf diesen Teil verzichtet werden, da über die Mailadresse der demoskopische Teil zugespielt werden kann.

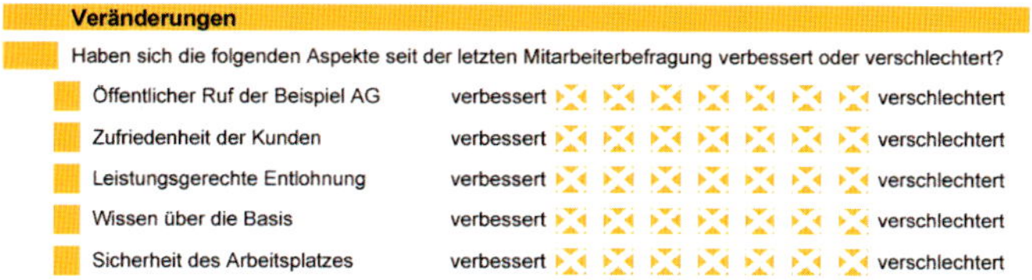

Abbildung 33: Beispiel für Veränderungsfragen

Die rollierende Befragung

Gerade in großen Unternehmen bietet es sich an, die Mitarbeiterbefragung als stetig laufenden Prozess zu etablieren. Wir sprechen dann von einer rollierenden Befragung. Dies kann auf sehr unterschiedliche Art und Weise erfolgen. So können z.B. einzelne Organisationseinheiten zu unterschiedlichen Zeitpunkten befragt werden. Dies ermöglicht dem Top-Management einen regelmäßigen Fluss von Ergebnissen. Weiters werden die begleitenden Ressourcen kontinuierlich und nicht stoßweise belastet.

Nachteilig ist bei dieser Vorgehensweise, dass die Ergebnisse aus einzelnen Bereichen nur bedingte Rückschlüsse auf die Gesamtorganisation zulassen.

Eine zweite Möglichkeit besteht darin, immer nur Teilgruppen des Unternehmens zu befragen, die statistisch im Unternehmen verteilt sind. Damit hat das Top-Management stets einen aktuellen Blick auf das Gesamtunternehmen.

Nachteilig ist hierbei, dass in den einzelnen Organisationseinheiten eine gewisse Unruhe entstehen kann, wenn nur Teile der gesamten Einheit befragt werden. Auch wird die Logistik bei dieser Vorgehensweise nicht unbedingt leichter.

Bei beiden vorgestellten Varianten stellt sich die Frage, mit welchem Instrumentarium befragt wird. Es besteht ja durchaus die Möglichkeit, dass bei den oben erwähnten Befragungen jeweils nur Teilbereiche der Gesamtbefragung abgedeckt werden, um die Befragten möglichst wenig zu belasten. Solche Formen werden in der Praxis häufig mit Online-Befragungen realisiert.
Letztendlich können die Befragungsformen auch untereinander kombiniert werden. So ist es z.B. zweckmäßig, in wöchentlichen bis monatlichen Online-Befragungen von Teilmengen der Organisation einen Einblick in die Befindlichkeit zu tagesaktuellen Themen zu erlangen, und dann alle zwei Jahre in Form einer klassischen papiergebundenen Mitarbeiterbefragung die Gesamtbefindlichkeit aller Mitarbeiterinnen und Mitarbeiter abzufragen. Damit wird jeder Mitarbeiter alle zwei Jahre nur einmal schriftlich und einmal Online befragt, was sehr im Rahmen liegt. Bei solchen Kombinationen ist zu beachten, dass es nach einer Vollbefragung immer einen Erholungszeitraum geben sollte, während dem keine Online-Befragungen durchgeführt werden.

Erkenntnisse

Nach mehr als 250 Befragungen in sehr unterschiedlichen Branchen, sowohl in kleinen Unternehmen, als auch in typischen Mittelstandsbetrieben und in etlichen international agierenden Konzernen, möchten wir den Versuch machen, wesentliche Erkenntnisse in Kürze darzustellen.

Motivatoren und Hygienefaktoren

Wie beschrieben, können wir aus den Extremwert-Portfolios erkennen, ob es sich bei einem Aspekt in dem speziellen Unternehmen um einen Motivator oder um einen Hygienefaktor handelt. Vergleicht man nun die Extremwert-Portfolios verschiedener Unternehmen, so kann daraus abgeleitet werden, ob ein Aspekt generell als Motivator oder Hygienefaktor angesehen werden kann. Im folgenden haben wir dazu die zehn größten Mitarbeiterbefragungen der letzten drei Jahre analysiert und deren Ergebnisse einander gegenüber gestellt.
Der Aspekt „Gefallen an der Arbeit" scheint ein klarer Vertreter der Motivatoren zu sein. In den vier Unternehmen zeigt die Verbindung der Unzufriedensten zu den Zufriedensten steil nach oben. Lediglich bei Unternehmen 2 ist die Tendenz nicht ganz so klar ausgeprägt. Das „Gefallen an der Arbeit" rückt also bei zunehmender Zufriedenheit mit diesem Faktor mehr und mehr in den Mittelpunkt der Betrachtung *(siehe Grafiken Seite 220 und 221)*.

Mitarbeiterbefragung 1

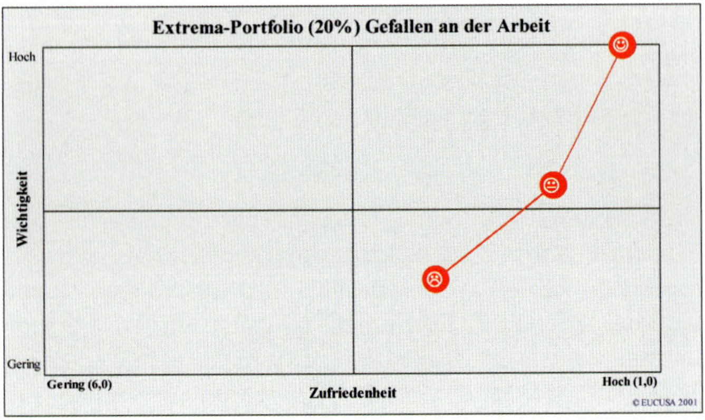

Mitarbeiterbefragung 2

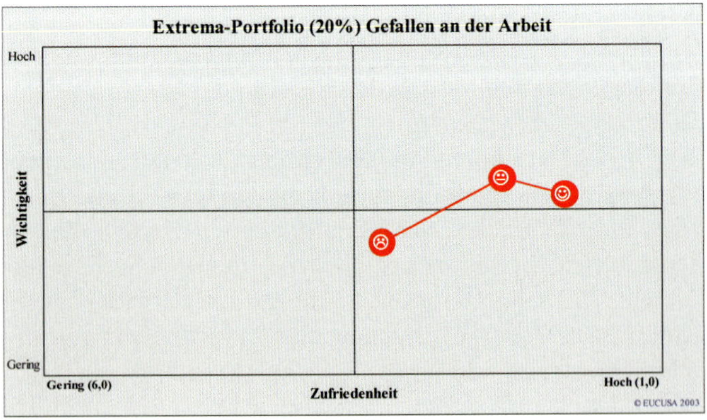

Mitarbeiterbefragung 5

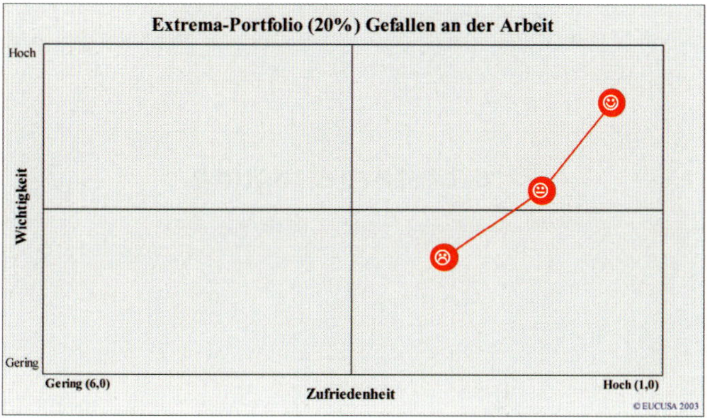

Mitarbeiterbefragung 6

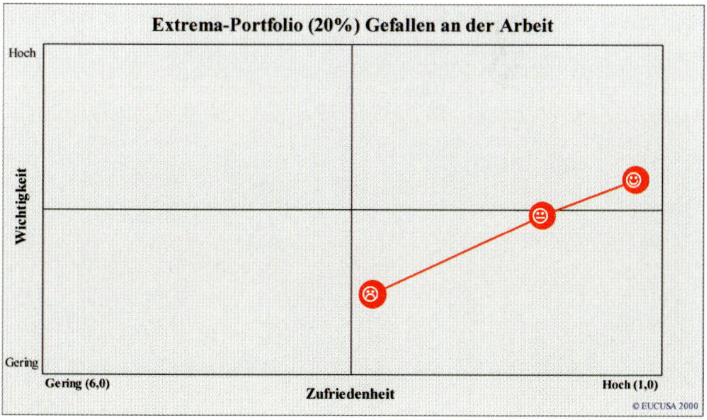

Ein zweites Beispiel für einen Motivator ist der Aspekt „Arbeitsbedingungen". In allen sechs Unternehmen, in denen dieser Aspekt abgefragt wurde, zeigen die Kurven deutlich nach oben *(siehe Grafiken Seite 222, 223 und 224)*.

Mitarbeiterbefragung 1

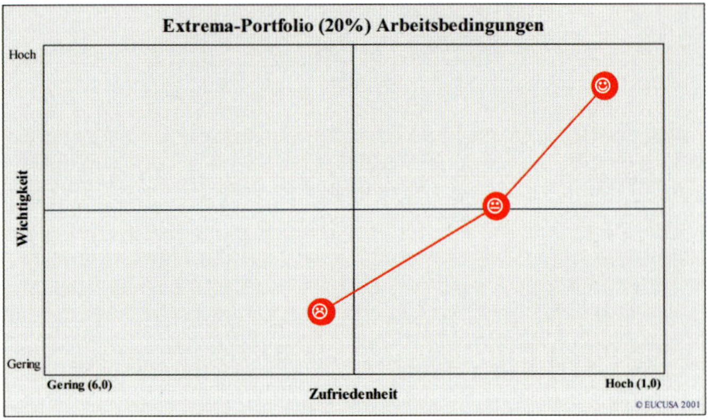

Mitarbeiterbefragung 2

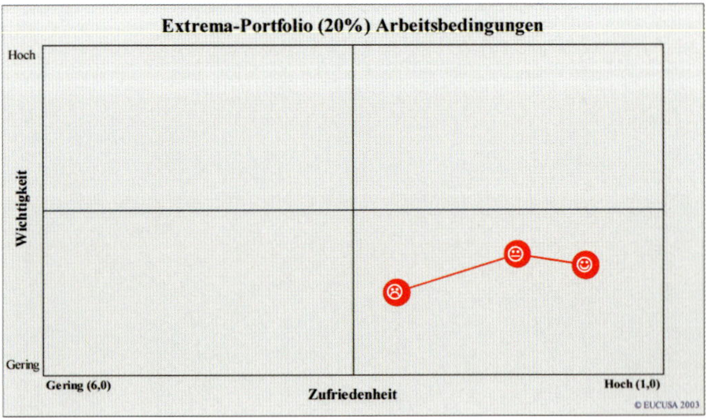

Mitarbeiterbefragung 4

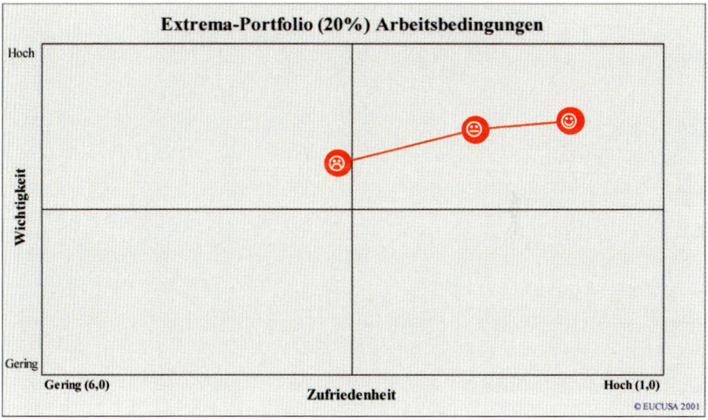

Mitarbeiterbefragung 5

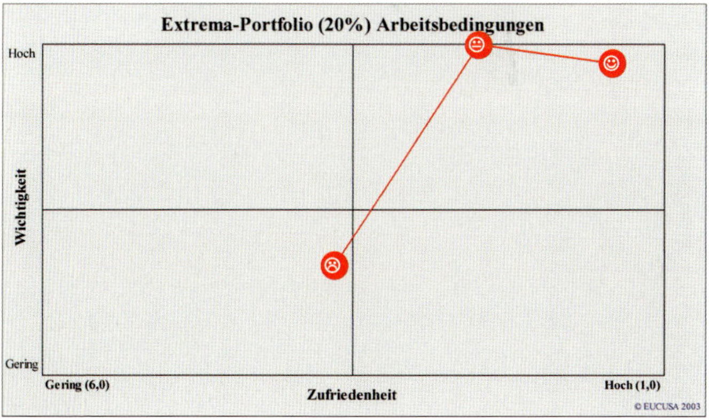

Mitarbeiterbefragung 6

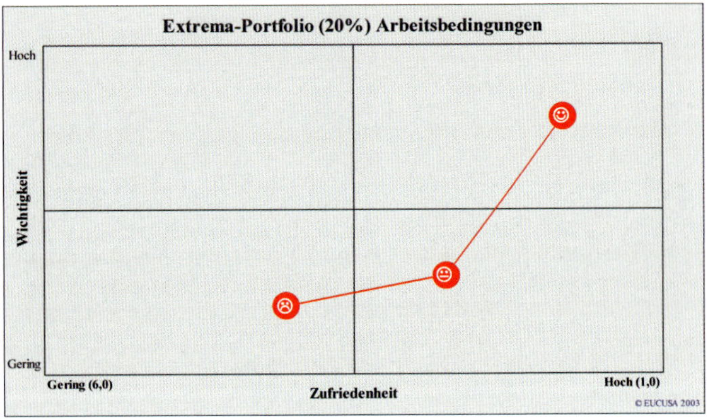

Mitarbeiterbefragung 7

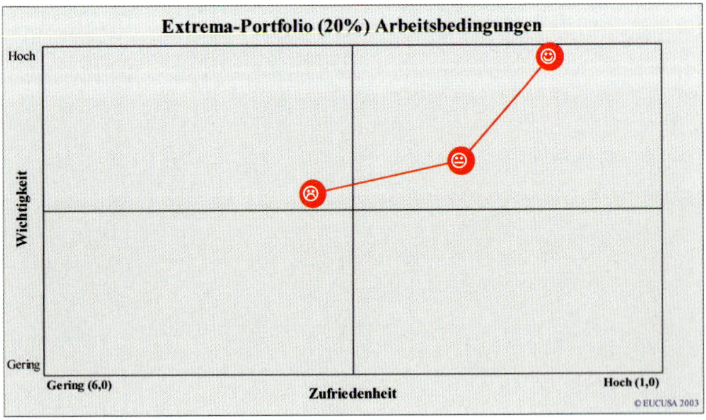

Ein dritter Motivator scheint die Kantine zu sein. Auch wenn wir derzeit lediglich aus zwei Großunternehmen dazu Ergebnisse vorliegen haben, sind wir sicher, dass sich auch bei anderen Unternehmen ein ähnliches Bild ergeben wird. Das liegt nicht zuletzt daran, dass Unzufriedene schlicht und ergreifend die Kantine meiden und damit die Relevanz auch deutlich sinkt *(siehe Grafiken)*.

Mitarbeiterbefragung 3

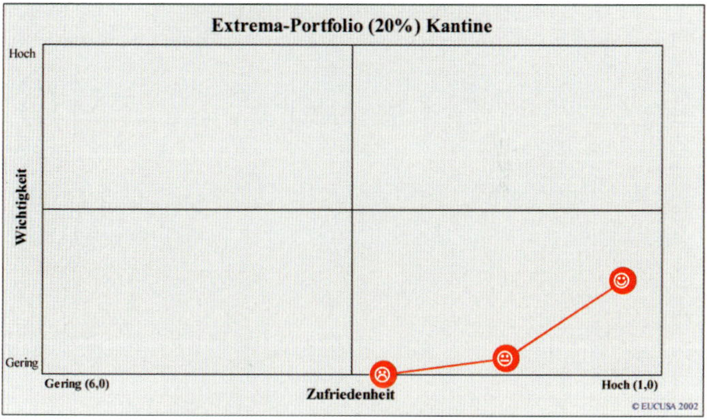

Mitarbeiterbefragung 8

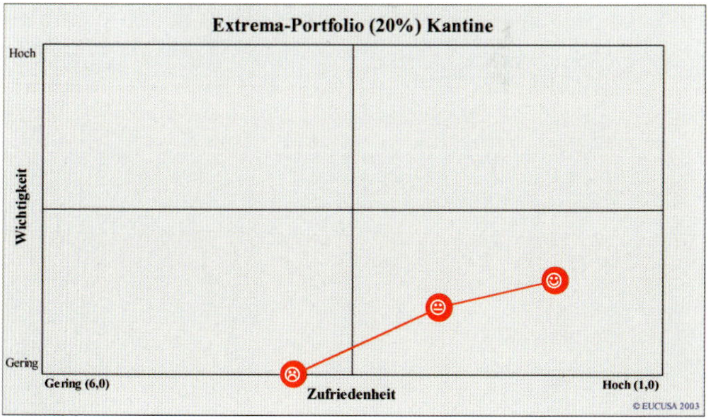

Ein häufig nicht ganz so ernst genommener Aspekt ist ebenfalls ein eindeutiger Motivator. Die Aussage „Ich bin stolz darauf, für mein Unternehmen zu arbeiten“, wird gerade im deutschsprachigen Raum oft als wenig relevant angesehen. Die Analyse zeigt ein anderes Bild *(siehe Grafiken Seite 226, 227, 228 und 229).*

Mitarbeiterbefragung 1

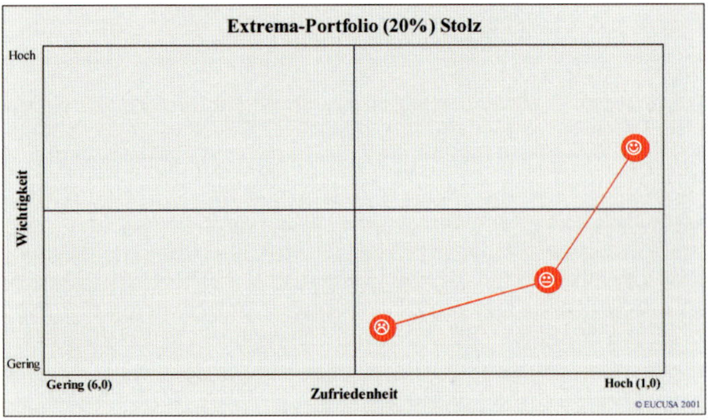

Mitarbeiterbefragung 2

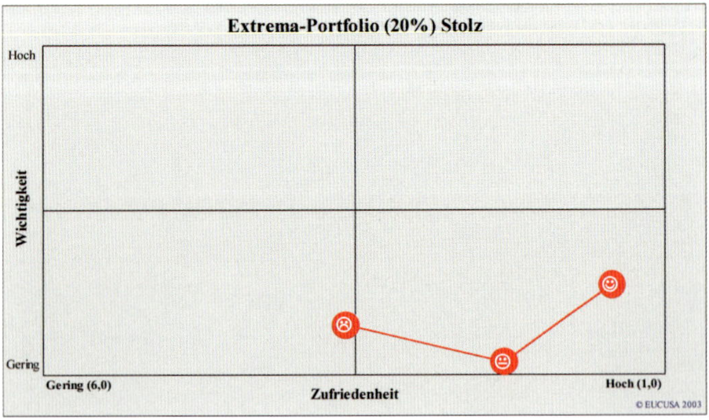

Mitarbeiterbefragung 4

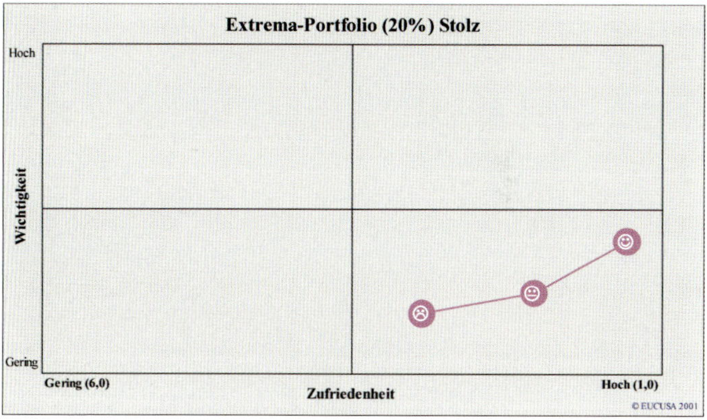

Mitarbeiterbefragung 5

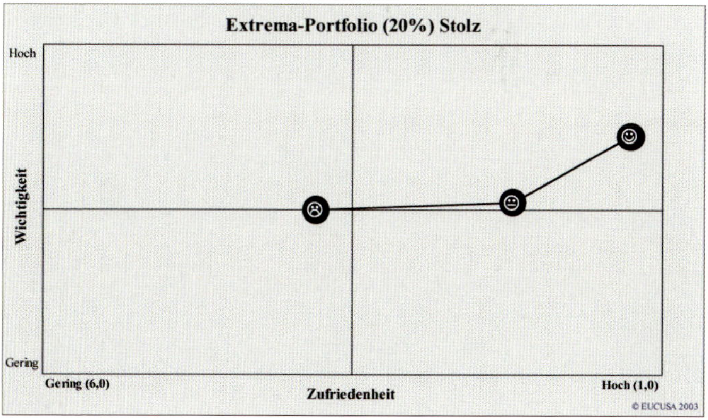

Mitarbeiterbefragung 6

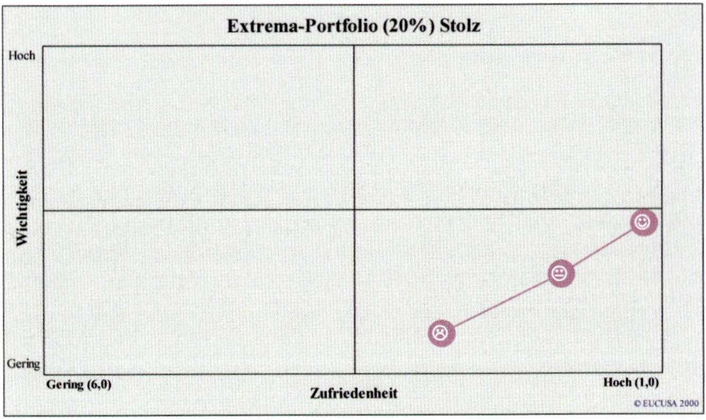

Mitarbeiterbefragung 8

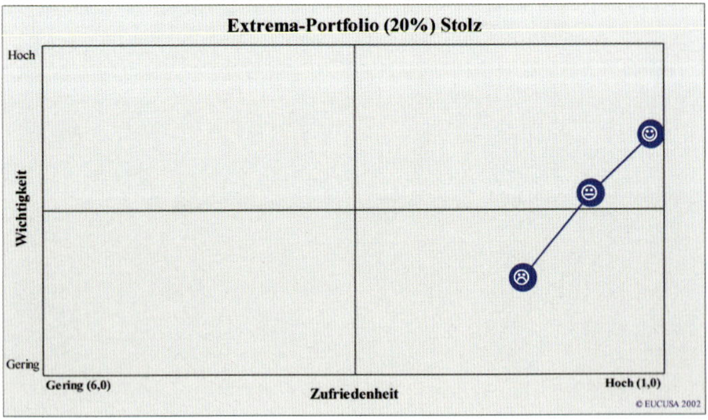

Mitarbeiterbefragung 9

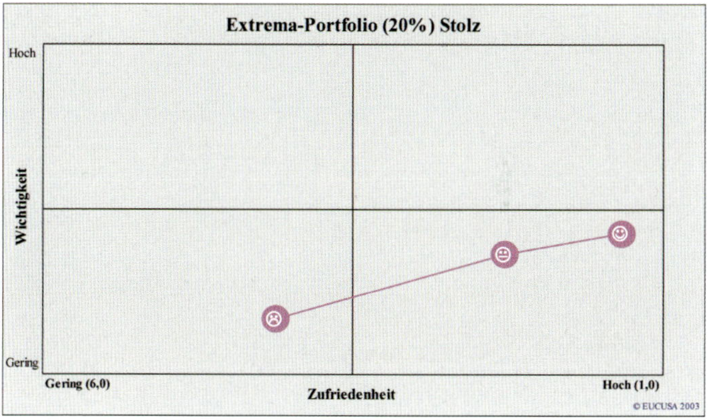

Mitarbeiterbefragung 10

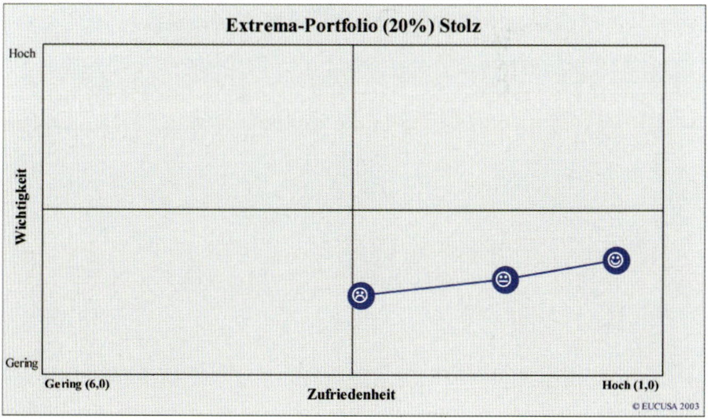

Die „Gegenseitige Unterstützung“ ist ein weiterer Aspekt, der als Motivator angesehen werden kann *(siehe Grafiken Seite 230 und 231).*

Mitarbeiterbefragung 5

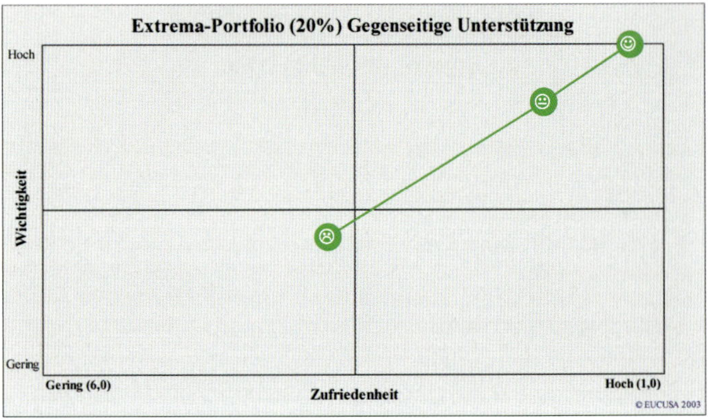

Mitarbeiterbefragung 7

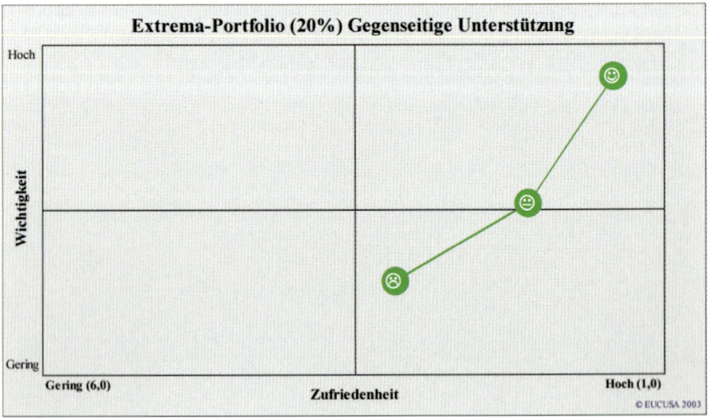

Mitarbeiterbefragung 8

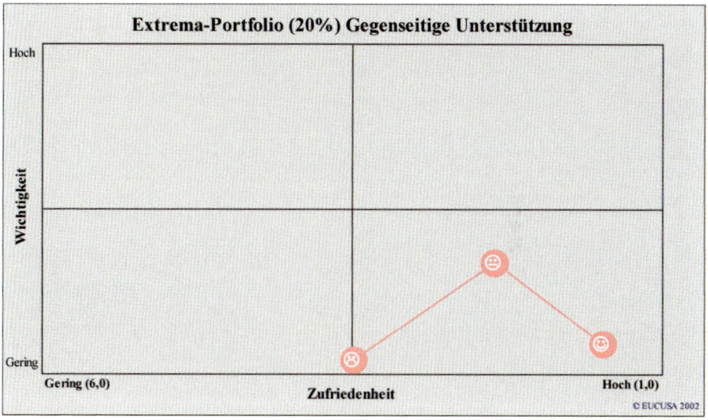

Mitarbeiterbefragung 10

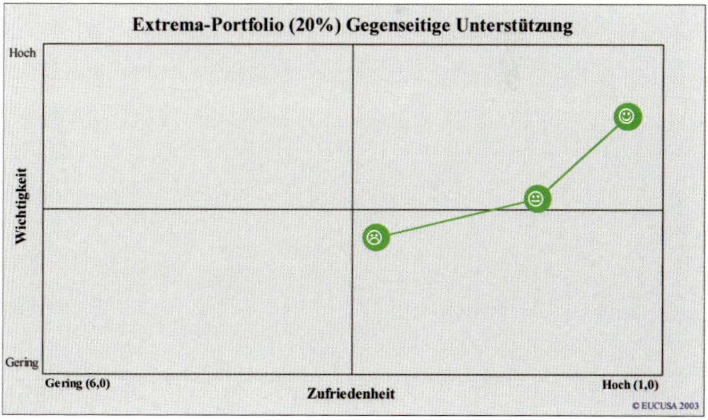

Bei einigen Aspekten ist es überraschend, dass sie Hygienefaktoren sind. Die Wichtigkeit des Aspekts „Motivation durch Führungskraft“ gehört dazu *(siehe Grafiken Seite 232 und 233)*.

Mitarbeiterbefragung 1

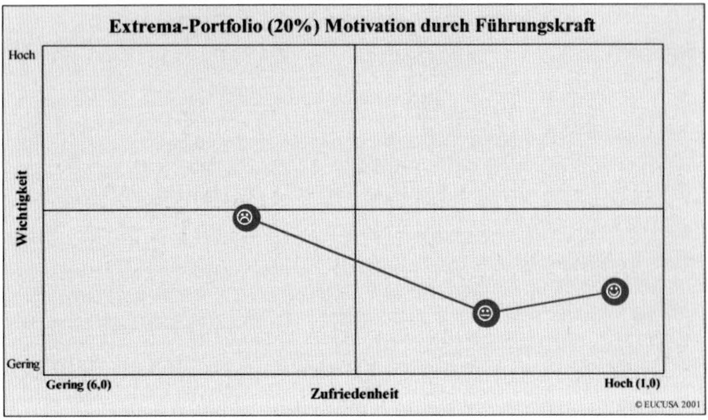

Mitarbeiterbefragung 2

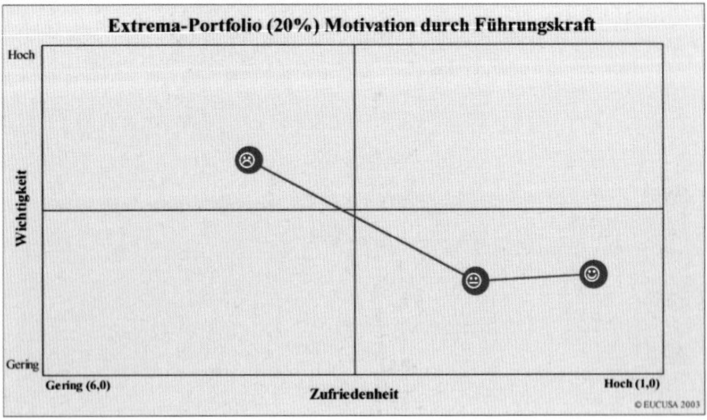

Mitarbeiterbefragung 4

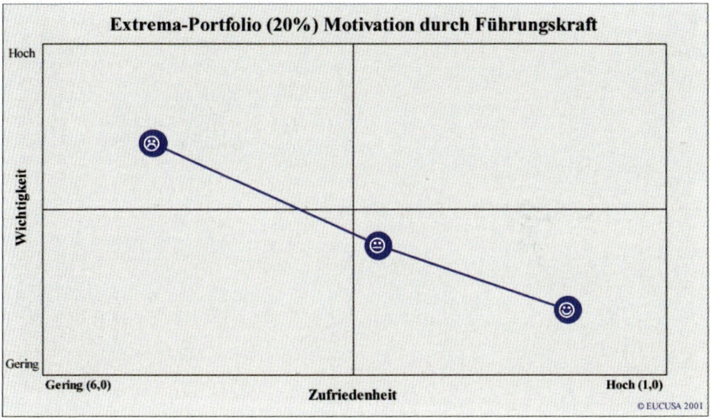

Mitarbeiterbefragung 6

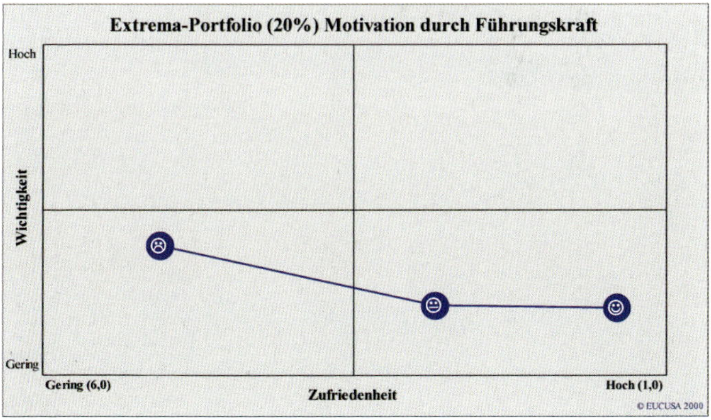

Ein ähnliches Bild ergibt sich bei der „Förderung der beruflichen Entwicklung“ *(siehe Grafiken Seite 234 und 235).*

Mitarbeiterbefragung 4

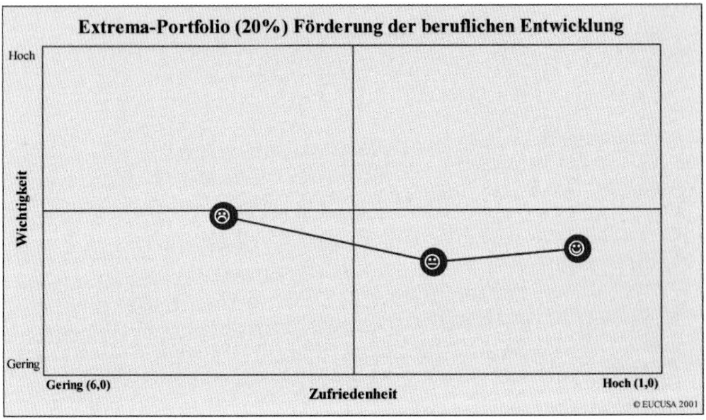

Mitarbeiterbefragung 7

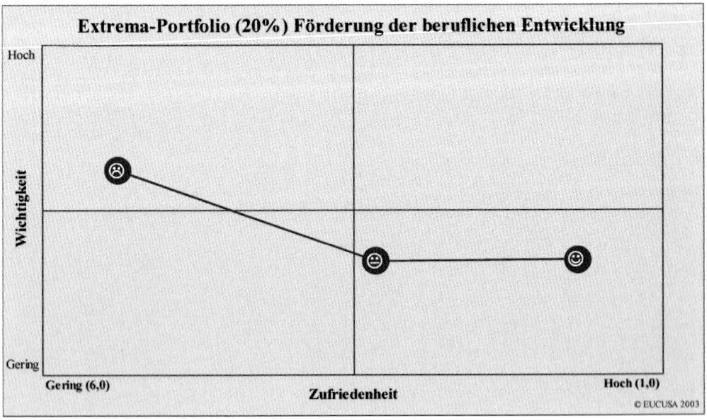

Mitarbeiterbefragung 8

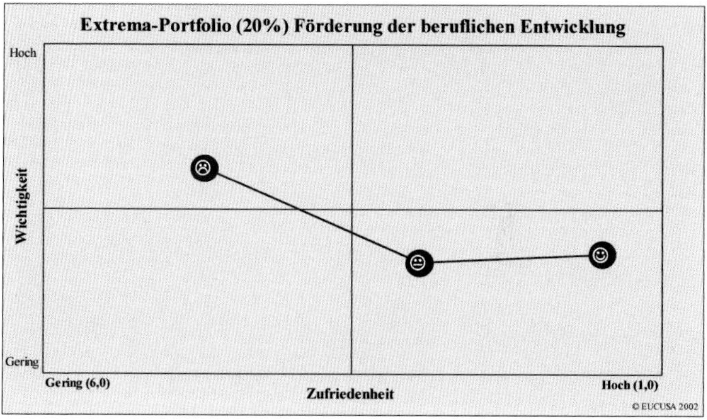

Mitarbeiterbefragung 9

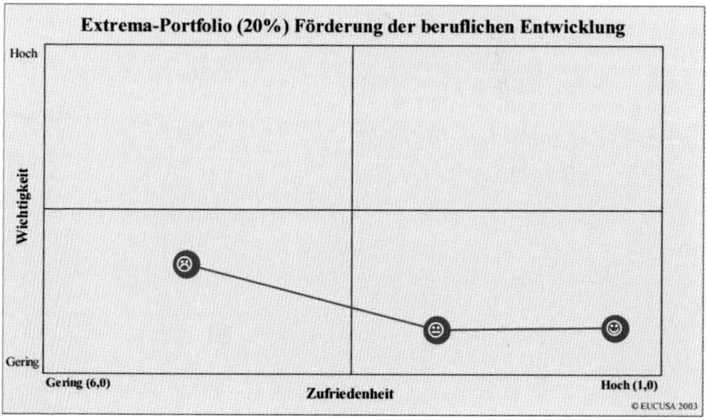

Entsprechend verhält es sich mit den „Karrieremöglichkeiten“, auch wenn sich hier zeigt, dass es sich dabei nicht in jedem Unternehmen zwingend um einen eindeutigen Hygienefaktor handeln muss *(siehe Grafiken Seite 236, 237 und 238)*.

Mitarbeiterbefragung 1

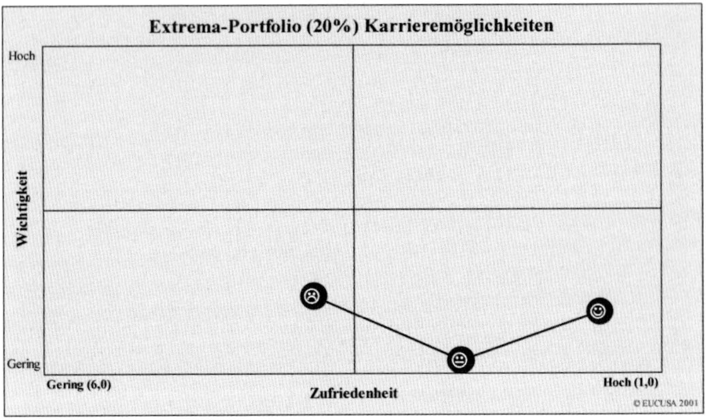

Mitarbeiterbefragung 2

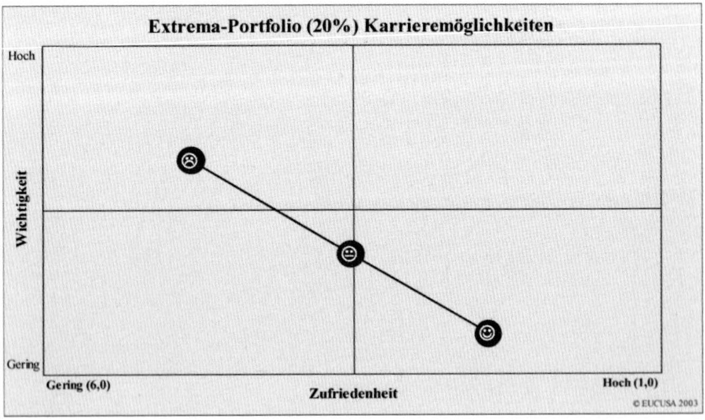

Mitarbeiterbefragung 4

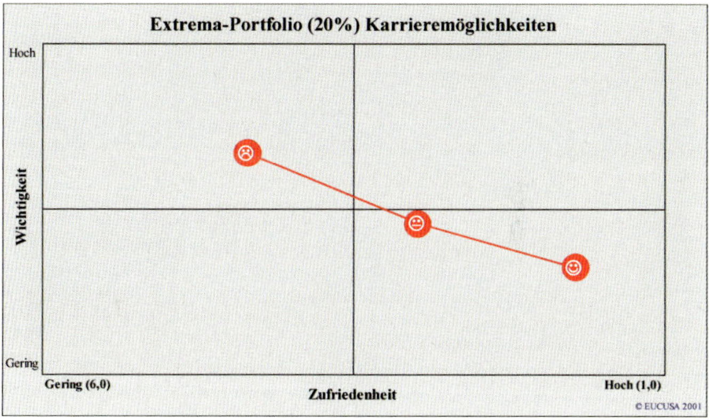

Mitarbeiterbefragung 5

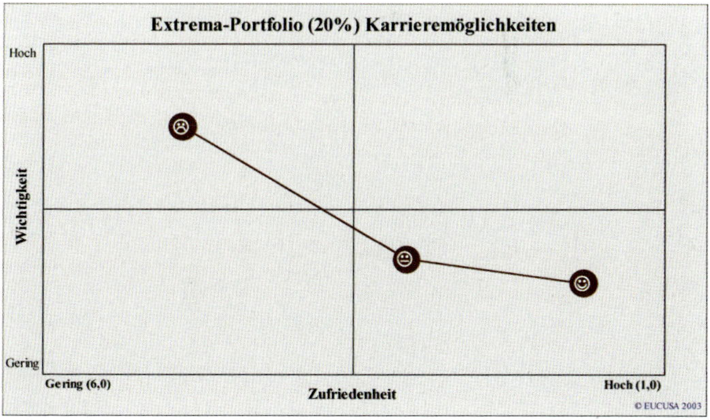

Mitarbeiterbefragung 6

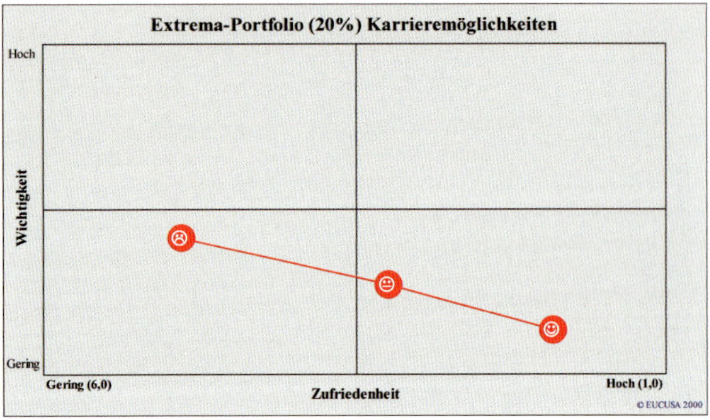

Mitarbeiterbefragung 7

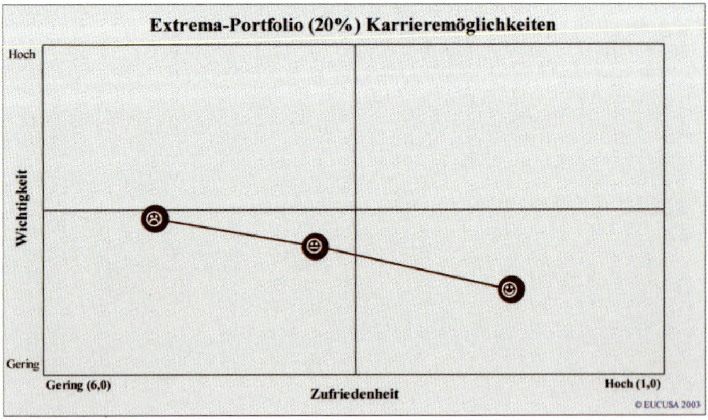

Für die subjektive Einschätzung des Gehaltsniveaus (im Vergleich zu anderen Unternehmen) gilt ebenfalls, dass es sich mit Sicherheit um keinen Motivator handelt. REINHARD SPRENGER hat Recht behalten: „Mit Gehalt kann man nicht motivieren". Jetzt haben wir es schwarz auf weiß *(siehe Grafiken Seite 239, 240 und 241).*

Mitarbeiterbefragung 2

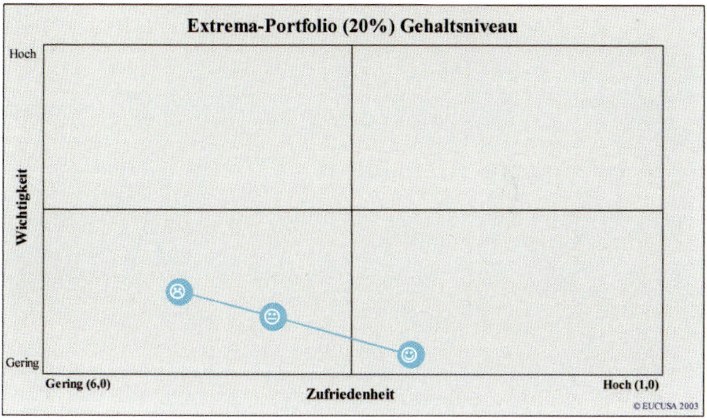

Mitarbeiterbefragung 3

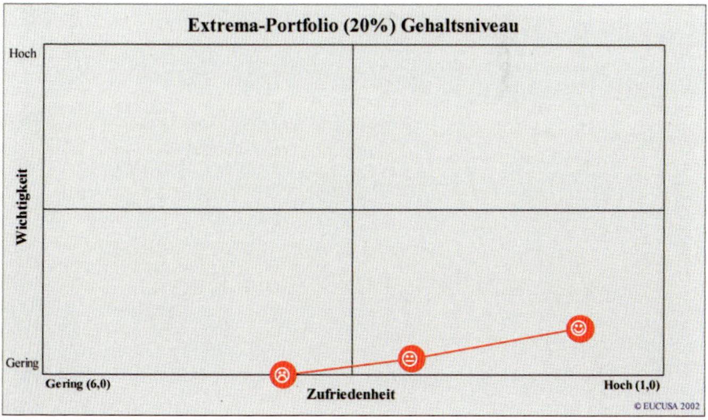

Mitarbeiterbefragung 4

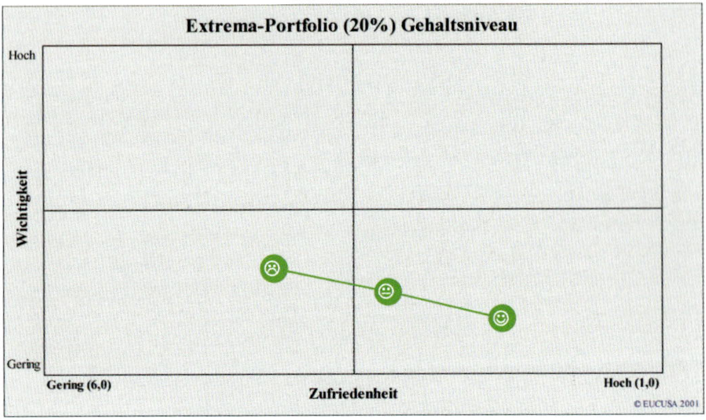

Mitarbeiterbefragung 5

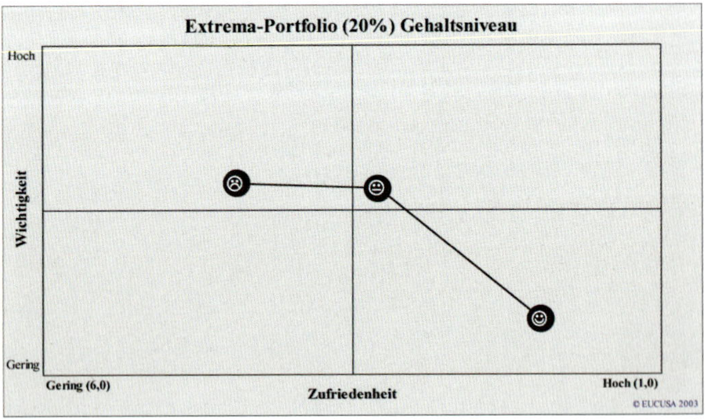

Mitarbeiterbefragung 7

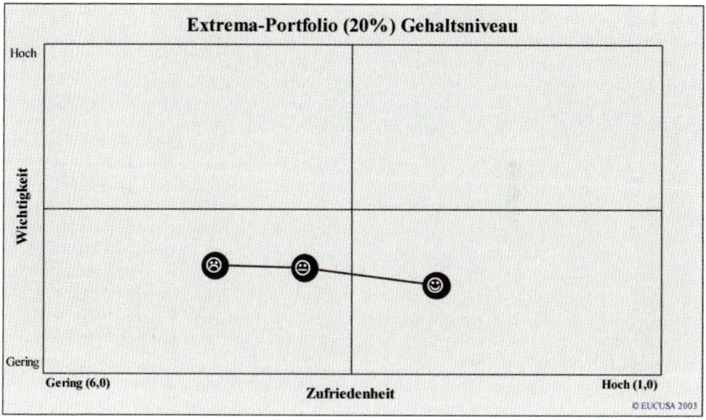

Mitarbeiterbefragung 8

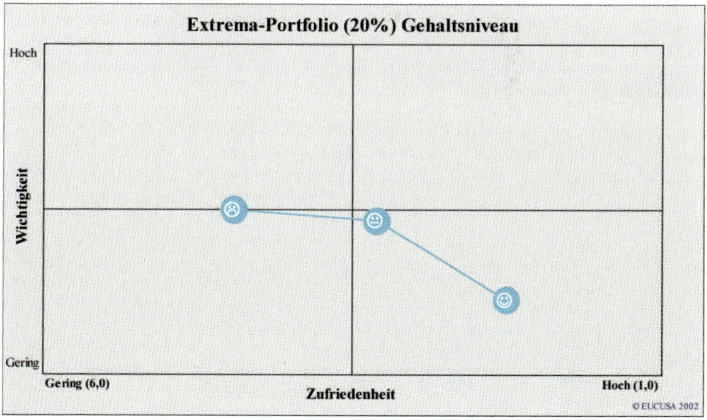

Noch stärker ausgeprägt finden wir den Trend bei der Frage nach der konkreten Zufriedenheit mit dem eigenen Gehalt *(siehe Grafiken)*.

Mitarbeiterbefragung 1

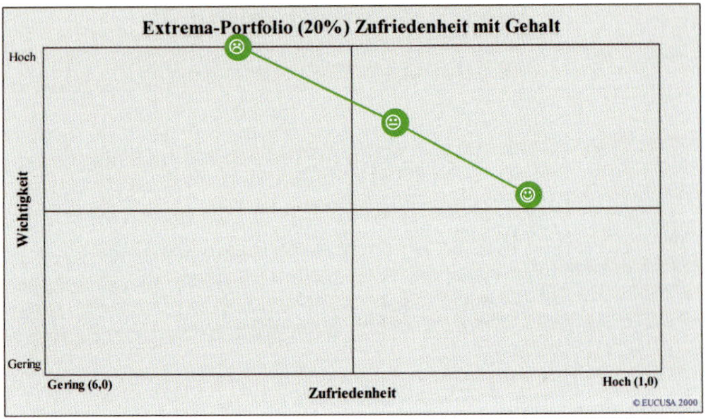

Mitarbeiterbefragung 2

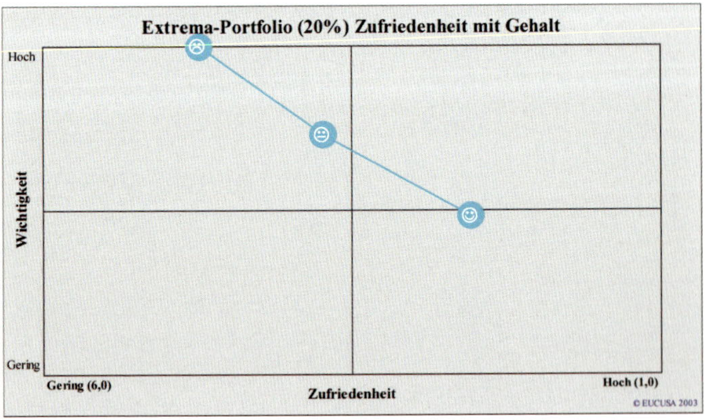

Erstaunlicherweise gilt das auch für die „leistungsgerechte Entlohnung“ *(siehe Grafiken Seite 243 und 244).*

Mitarbeiterbefragung 1

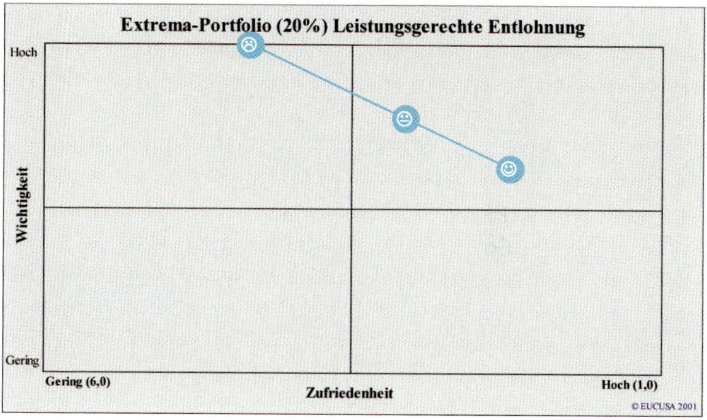

Mitarbeiterbefragung 2

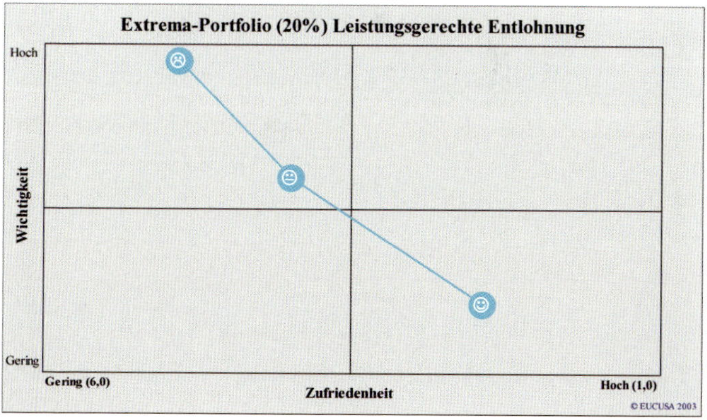

Mitarbeiterbefragung 3

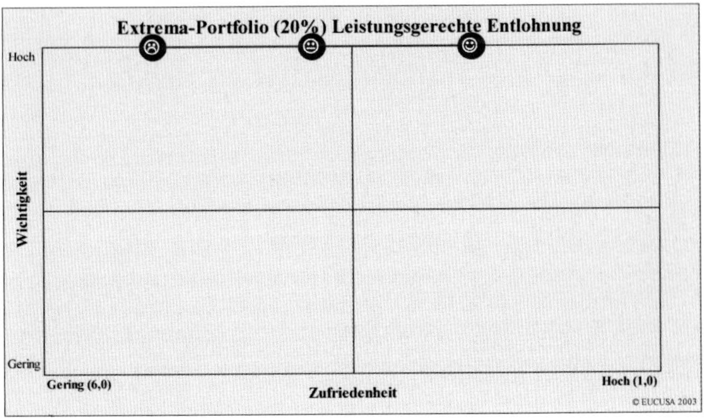

Mitarbeiterbefragung 7

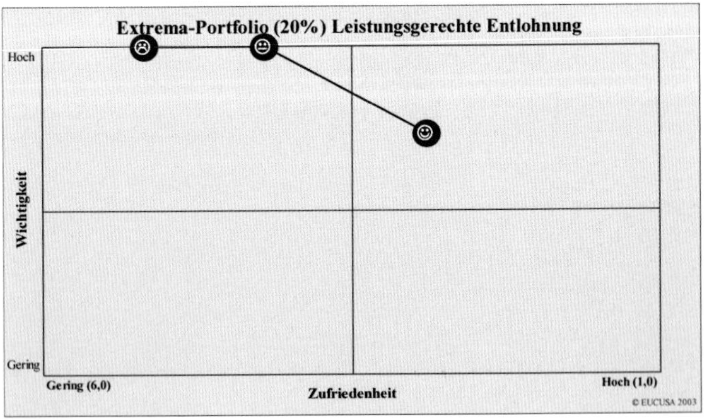

Es gibt auch Aspekte, bei denen der Grad der Zufriedenheit kaum einen Einfluss auf die Wichtigkeit hat. Der Aspekt „Arbeitsklima“ ist hingegen generell sehr wichtig *(siehe Grafiken Seite 245, 246 und 247)*.

Mitarbeiterbefragung 3

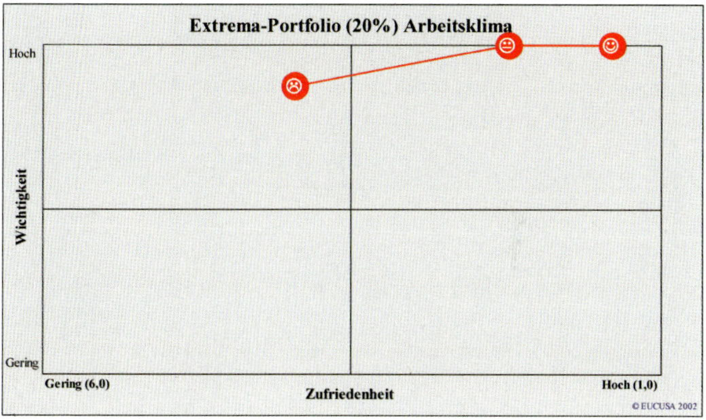

Mitarbeiterbefragung 4

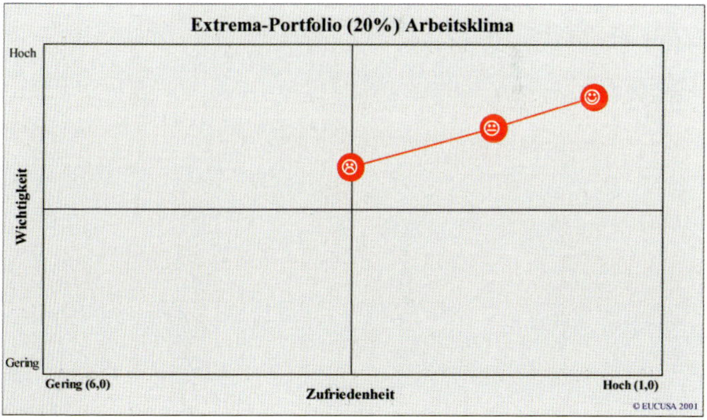

Mitarbeiterbefragung 5

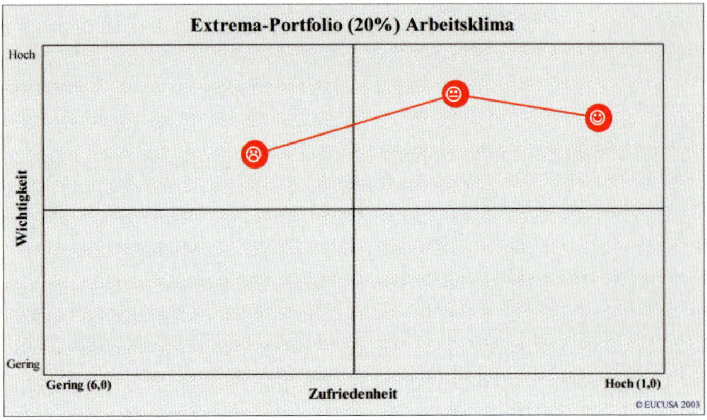

Mitarbeiterbefragung 7

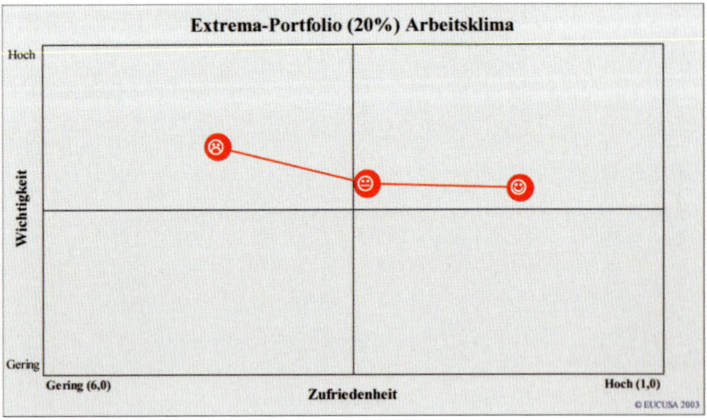

Mitarbeiterbefragung 8

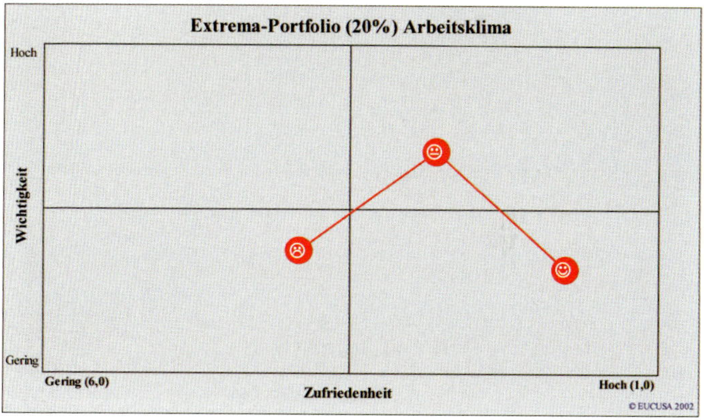

Mitarbeiterbefragung 9

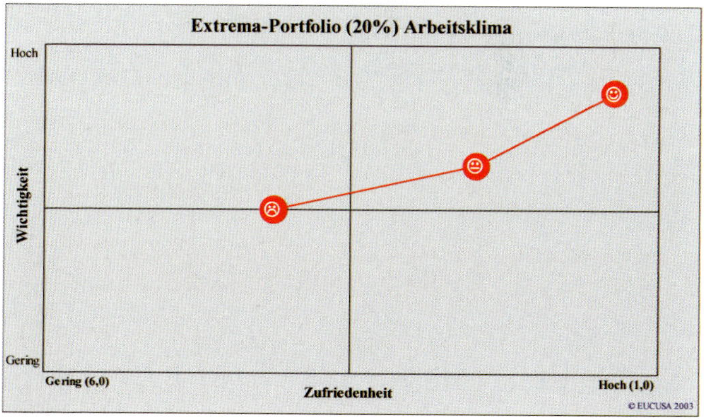

Die Zufriedenheit mit dem Betriebsrat wird meist als weniger wichtig angesehen *(siehe Grafiken).*

Mitarbeiterbefragung 5

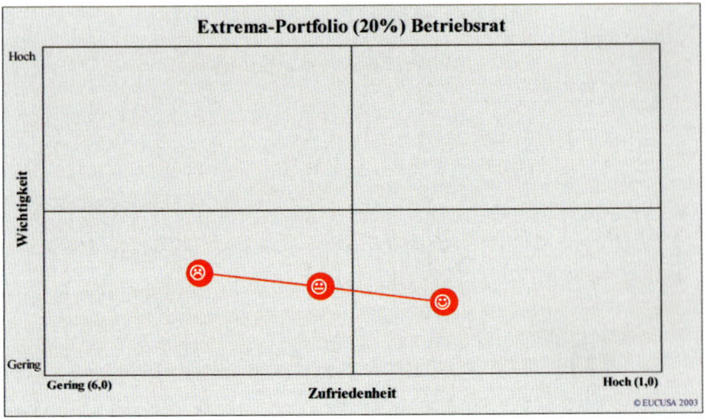

Mitarbeiterbefragung 9

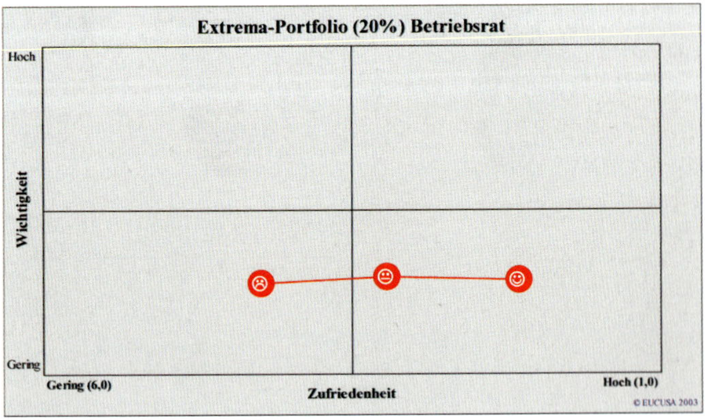

Natürlich gibt es auch viele Aspekte, aus denen man keinen eindeutigen Trend herauslesen kann, und einige, bei denen der Trend von Unternehmen zu Unternehmen unterschiedlich ausfällt. Der selbe Aspekt kann in einem Unternehmen ein Motivator sein, in einem anderen aber ein Hygienefaktor. Ein gutes Beispiel dafür ist die „Offenheit zwischen Kollegen“ *(siehe Grafiken)*.

Mitarbeiterbefragung 3

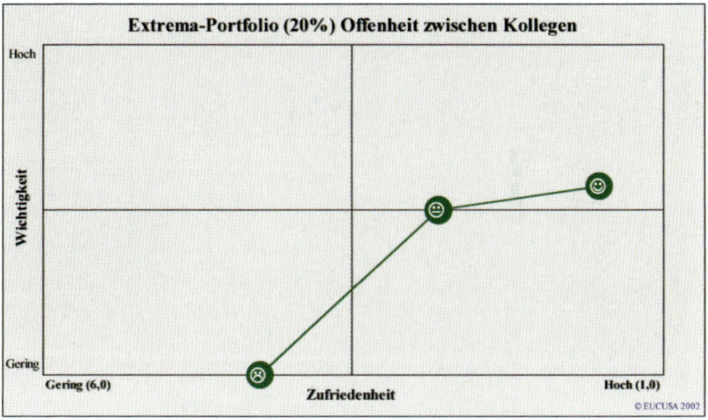

Mitarbeiterbefragung 10

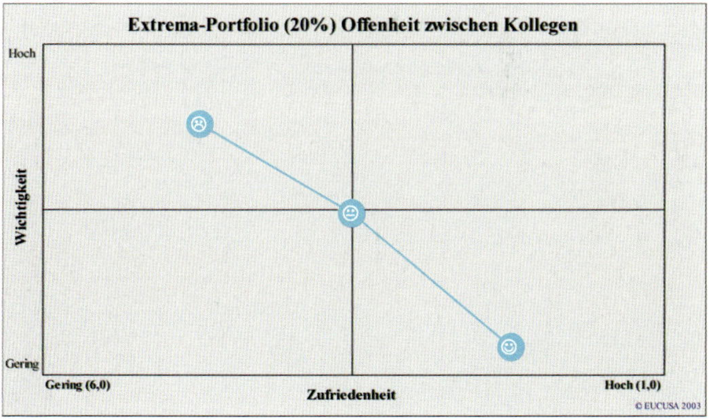

Achtung, Satire!

Allgemeine Anleitung zum Scheitern

Lesen Sie die unten stehenden Punkte genau durch. Sie sind der gerade Weg zum Misserfolg! Wenn Sie diese zwölf Punkte in Ihrem Unternehmen konsequent umsetzen, werden die Kunden Ihnen in Scharen davon laufen. Keine Angst: Sie werden sich nicht beschweren, sie werden nicht reklamieren. Sie werden einfach zur Konkurrenz abwandern ...

1. Vermeiden Sie es, gefunden zu werden! Keine Hinweisschilder am Straßenrand, keine Inserate in den Gelben Seiten. Vermeiden Sie ganz besonders, einen einprägsamen Internetauftritt – die Homepage – zu gestalten. Heißer Tipp: Hände weg vom Internet!

2. Lassen Sie Ihre Firmengebäude, Ihre Firmenräumlichkeiten dezent verstauben! Auch Firmenschilder sind nicht dazu da, dauernd geputzt zu werden. Die Patina des Drecks verleiht Ihnen die Gediegenheit und Würde alteingesessener Unternehmen.

3. Kaufen Sie ja keine modernen, ergonomischen Möbel! Wenn Ihre Mitarbeiter ständig Kreuzschmerzen haben, ist das ja noch lange kein Grund, zu den Kunden unfreundlich zu sein.

4. Broschüren und Werbefolder sollten ausführlichst auf Ihre Produkte eingehen! Nur wer sich viel Zeit nimmt, Ihre Werbung auch wirklich zu lesen, ist ein guter Kunde.

Und verwenden Sie bitte möglichst zahlreiche Fachausdrücke. Das beweist Kompetenz.

5. Verschieben Sie Liefertermine stets, ohne Ihre Kunden davon in Kenntnis zu setzen! Versprechen Sie auch grundsätzlich mehr, als Sie halten können. Wir alle wissen aus der Politik, dass man mit diesen Methoden sehr weit kommt.

6. Versuchen Sie schon bei der ersten Abrechnung mehr zu verlangen, als vereinbart war! Wenn es der Kunde nicht merkt, wunderbar: dann haben Sie einen höheren Gewinn als erwartet gemacht. Merkt er es aber, können Sie ja immer noch etwas von „Computerfehler“ murmeln und eine neue Rechnung ausstellen. Der Kunde wird sich über den ersparten Betrag sehr freuen.

7. Verbieten Sie Ihren Mitarbeitern, gegenüber Kunden hilfsbereit zu sein! Hilfsbereitschaft hält nur unnötig von der Arbeit ab. Der Kunde zahlt den Mehraufwand ohnehin nicht.

8. Verhindern Sie das Zustandekommen guter Kontakte – von Freundschaften wollen wir hier ja gar nicht erst reden – zwischen Ihren Mitarbeitern und Ihren Kunden! Zu enge Außenbeziehungen führen in der Regel zu Verrat von Firmengeheimnissen. Im schlimmsten Fall könnte der Kunde ja sogar von Ihrer Firmenphilosophie Wind bekommen.

9. Trainieren Sie Ihre Verkäufer ausschließlich auf beinharte Abschlüsse. Mit sozialer oder emotionaler Kompetenz ist kein Blumentopf zu gewinnen. Der Kunde denkt sowieso nur daran, was er unter dem Strich zu zahlen hat.

10. Die Öffnungszeiten Ihrer Firma gehen niemanden etwas an! Das ist Ihre ganz persönliche Sache. Erstens wissen

Sie als Chef besser, wann die Kunden bei Ihnen einkaufen wollen, und zweitens: Wo käme man da hin, wenn Krethi und Plethi darüber bestimmen könnten, wann ein Geschäft offen zu sein hätte?

11. Loben Sie Ihre Mitarbeiter nicht! Eine gerechte Strafe nach Fehlleistungen wirkt viel nachhaltiger. Außerdem sind in Ihrem Unternehmen Spitzenleistungen ohnehin selbstverständlich. Und Sie wollen doch auch nicht, dass Ihre Mitarbeiter durch Lob eingelullt und nachlässig werden. Sonst käme noch einer auf die Idee, dass zufriedene Mitarbeiter etwas mit zufriedenen Kunden zu tun haben könnten ...

12. Hüten Sie sich vor professionellen Analysen und Programmen zur Erforschung der Kundenzufriedenheit! Das kostet nur und bringt nichts. Sie wissen ohnehin von jedem Kunden, was er braucht und möchte und wie zufrieden er mit jedem der 25 Kundenzufriedenheits-Einflussfaktoren ist. Dasselbe gilt für Ihre Mitarbeiter. Denken Sie immer an das alte Sprichwort: Wer viel fragt, geht viel irr!

Befrage ich auch richtig?

Wenn Sie die folgenden Punkte in Ihrem Unternehmen konsequent umsetzen, werden Sie mit Hilfe einer Mitarbeiterbefragung innerhalb von maximal 12 Monaten Ihre besten Mitarbeiter verlieren. Die Frustration wird so hoch sein, dass die Arbeitsleistung systematisch sinkt und die Loyalität ein historisches Tief erreicht. Mitarbeiter werden über Erfahrungsberichte aus dem betrieblichen Alltag selbst Stammkunden verschrecken und damit einen wesentlichen Beitrag zum langfristigen Misserfolg Ihres Unternehmens leisten. Wenn Sie die besten Produkte am Markt haben, dürfen Sie sich dennoch über gravierende Verkaufsrückgänge freuen. Sie werden sehen, es lohnt sich!

1. Binden Sie ausschließlich einen Bereich des Unternehmens – z.B. Personalabteilung oder Qualitätsmanagement – in das Projekt ein. Mit der reinen Fachexpertise kann man eine Mitarbeiterbefragung am allerbesten durchführen, die abteilungsübergreifende Abstimmung ist im Prinzip nur lästig und bringt keinen Mehrwert.

2. Halten Sie den Betriebsrat vom Projekt fern. Der sucht sowieso immer nur die negativen Punkte und war noch nie konstruktiv eingestellt.

3. Halten Sie das Projekt möglichst lange geheim. Beim Thema Zufriedenheit meint ja schließlich jeder, mitreden zu können.

4. Vermeiden Sie einen zu intensiven Kontakt mit dem Top-Management. Sie wollen schließlich nur die Mitarbeiter befragen und später nichts umsetzen. Also ist ein Promotor mit entsprechender Macht und Befugnissen vollkommen überflüssig.

5. Machen Sie in kleiner Runde ein kurzes Brainstorming über die Fragen. Denken Sie immer daran: Je mehr, desto besser. Über Zufriedenheits-Modelle brauchen Sie sich keine Gedanken zu machen. Zu viel Theorie hat bei einem Praxisprojekt doch noch nie gut getan.

6. Verwenden Sie möglichst viele offene Fragen. Da kommen immer so interessante Dinge heraus.

7. Bei der Demoskopie können Sie alle Fragen stellen, die Sie schon immer interessiert haben. Wie viele Personen haben z.B. ein Kind oder zwei. Dann können Sie später analysieren, ob das einen Einfluss auf die Gesamtzufriedenheit hat. Ist doch interessant. Lassen Sie Ihrem Spiel- und Forschertrieb freien Lauf.

8. Wenn Sie alle Fragen erarbeitet haben, lassen Sie diese einfach in einem Sekretariat abtippen und den Fragebogen dann auf Papier kopieren. Das ist am billigsten.

9. Verzichten Sie zwingend auf einen externen Projektbegleiter. Die Anonymität, das wissen Sie doch selbst, ist sowieso nicht gewährleistet. Schließlich wissen Sie das Alter, die Betriebszugehörigkeit, die Abteilung und den Verdienst der Mitarbeiter. Da kann man doch an Hand der Daten wunderbar analysieren, wer welche Antworten gegeben hat.

10. Machen Sie die Teilnahme an der Befragung zur Pflicht. Die Abteilungsleiter könnten Sie z.B. verpflichten, für eine bestimmte Rücklaufquote – sagen wir einmal 95 Prozent – verantwortlich zu sein. In anderen Unternehmen werden schließlich auch solche Ergebnisse erreicht.

11. Die Ergebnisse der Befragung sollten wie ein Betriebsgeheimnis gehütet werden. Dem Top-Management soll-

ten Sie eine kurze Zusammenfassung liefern, aus denen die Punkte hervorgehen, die Sie für wichtig erachten. Den Abteilungsleitern können Sie z.B. eine Liste von Mitarbeitern zur Verfügung stellen, welche nicht ganz zufrieden sind. Da sollte man dann schon einmal im persönlichen Gespräch darauf eingehen und neu motivieren. Notfalls mit der Drohung einer Gehaltsverminderung oder Versetzung. Ansonsten gehen die Ergebnisse niemanden wirklich etwas an.

12. Wenn Sie schon unbedingt Feedback über die Ergebnisse geben, dann veröffentlichen Sie wirklich nur die negativen Punkte. Die positiven Seiten verwöhnen die Mitarbeiter nur. Es ist doch im Prinzip ähnlich wie beim Lob. Das höchste Lob ist doch, wenn man nicht getadelt wird. Mitarbeiter brauchen das!

Literaturverzeichnis

Literatur zum Thema Mitarbeiterbefragung

BEHRMANN, D.; PERREAULT, W.: Role Stress Model of the Performance and Satisfaction of Industrial Salesperson. Journal of Marketing, 48 (Fall) 1984, 921.

BLANCHARD, K.; HYBELS, B.; HODGES, P.: Das Jesus Prinzip – Führen mit biblischer Weisheit. Asslar: Gerth Medien, 2000.

BLEICHER, K.: Auf dem Weg zu einer Kulturpolitik der Unternehmung. Zeitschrift für Führung und Organisation, 54 (1984), 494–500.

BORG, I.: Führungsinstrument Mitarbeiterbefragung – Theorien, Tools und Praxiserfahrungen. 2. überarbeitete und erweiterte Auflage, Göttingen: Verlag für Angewandte Psychologie, 2000.

BROWN, S.; PETERSON, R.: Antecedents and Consequences of Salesperson Job Satisfaction. Journal of Marketing Research, 30 February 1993, 63–77.

FINK, C.A.; GRUNDLER, C.: Strategieimplementierung im turbulenten Umfeld. In: Controlling, 10. Jg. (1998), Heft 4, 226–235.

FISCHER, L. & LÜCK, H.E.: Entwicklung einer Skala zur Messung von Arbeitszufriedenheit (SAZ). Psychologie und Praxis, 16 (2) 1972, 64–76.

GRUND, M.: Interaktionsbeziehungen im Dienstleistungsmarketing – Zusammenhänge zwischen Zufriedenheit und Bindung von Kunden und Mitarbeitern. Basler Schriften zum Marketing, Bd. 4, Wiesbaden: Verlag Dr. Th. Gabler, 1998, 402 S.

KAPLAN, R.S.; NORTON, D.P.: Balanced Scorecard – Strategien erfolgreich umsetzen. Stuttgart: Schaeffer-Poeschel, 1997, 333 S.

KUNIN, T.: The Construction of a new Type of Attitude Measure. Personnel Psychology, 8, 1955, S. 65–77.

LANG, R.: Gruppenfabrikation. Daimler Werkszeitung, Nr. 1, 1919, S. 45.

LANG, R.; HELLPACH, W.: Gruppenfabrikation. Berlin: Julius Springer, 1922.

MASLOW, A.: Motivation and Personality. New York: Harper & Row, 1954.

MCGREGOR, D.: The Human Side of Enterprise. New York: MacGraw-Hill, 1960.

NEUBERGER, O.: Theorien der Arbeitszufriedenheit. Stuttgart: Kohlhammer, 1974.

NEUBERGER, O.; ALLERBECK, M.: Messung der Arbeitszufriedenheit. Stuttgart: Kohlhammer, 1978.

O'BRIEN, R.: Die Maschinen. Reinbek: Rowohlt Taschenbuch Verlag, 1970.

SMITH, A.: An Inquiry into the Nature and Cause of the Wealth of Nations. London, 1776.

TAYLOR, F.W.: The Art and Science of Shovelling. Vortrag vor einem Untersuchungsausschuss des U.S. Repräsentantenhauses. Zitiert nach DUNHAM R.B. und PIERCE, J.L.: Management. Glenview, Ill.: Scott, Forseman & Co, 1989.

TAYLOR, F.W.: Scientific Management. New York: Harper, 1947.

THURESSON, J.: Zwanzig Jahre Erfahrungen mit Gruppenarbeit. In: ZINK, K. (HRSG.): Erfolgreiche Konzepte zur Gruppenarbeit – Aus Erfahrungen Lernen. Neuwied: Luchterhand, 1995.

WEBER, M.: Wirtschaft und Gesellschaft. Tübingen: Mohr, 1922.

WOMACK, J.P.; JONES, D.T.; ROOS, D.; CARPENTER, D.S.: The Machine that Changed the World. New York: Rawson Ass., 1990.

WOMACK, J.P.; JONES, D.T.; ROOS, D.: Die zweite Revolution in der Autoindustrie – Konsequenzen aus der weltweiten Studie aus dem Massachusetts Institute of Technology. Frankfurt, New York: Campus Verlag, 1991.

VITELES, M.S.: Motivation and Morale in Industry. London: Staples Press, 1954.

Literatur zum Thema Benchmarking

BAUR, T.: Cost Benchmarking als Instrument des Kostenmanagements. Deutsche Hochschulschriften, Hänsel-Hohenhausen, 1995.

BÜHNER, R.: Gestaltung von Konzernzentralen – Die Benchmarking-Studie. Betriebswirtschaftlicher Verlag Gabler, 1996.

CAMP, ROBERT C.: Benchmarking. München, Wien: Carl Hanser Verlag, 1994.

CAMP, R.: Benchmarking – The Search for Industry Best Practices that Lead to Superior Performance. ASQC Quality Press, 1989.

DASCHMANN, H.A.: Benchmarking – Steigerung der betrieblichen Wettbewerbsfähigkeit durch das Lernen von anderen. Rationalisierungs-Kuratorium der Deutschen Wirtschaft, 1994.

GOLDMANN, B.; SCHELLENS, J.: Betriebliche Umweltkennzahlen und ökologisches Benchmarking. Gutke, 1995.

HIERHOLZER, A.: Benchmarking der Kundenorientierung von Softwareprozessen – Konzeption eines Vorgehensmodells zur kontinuierlichen Verbesserung der Kundenorientierung von Softwareherstellern, Shaker, 1996.

KAIRIES, P.: So analysieren Sie Ihre Konkurrenz – Konkurrenzanalyse und Benchmarking in der Praxis. expert, 1997.

KARLÖF, B.; ÖSTBLOM, S.: Das Benchmarking Konzept – Wegweiser zur Spitzenleistung in Qualität und Produktivität, Vahlen, 1994.

KARLÖF, B: Benchmarking-Workbook. Chichester: John Wiley & Sons, 1995, 108 S.

KELLER, T.: Benchmarking, Methoden & Techniken. UNIVATION, 1996.

KIENBAUM, J. (HRSG.): Benchmarking Personal – Von den Besten lernen. Schäffer-Poeschel, 1997.

KLAUS, P.; TUCHER VON, F.; LUBECKI, N.: Benchmarking-Studie Distributionslager. Nürnberger Benchmarking-Reihe Band I, Fraunhofer Anwendungszentrum für Verkehrslogistik und Kommunikationstechnik, 1996.

KREUZ, W. ET AL.: Mit Benchmarking zur Weltspitze aufsteigen – Strategien neu gestalten, Geschäftsprozesse optimieren, Unternehmenswandel forcieren. Landsberg am Lech: Moderne Industrie, 1995.

LAMLA, J.: Prozessbenchmarking. München: Vahlen, 1995, 206 S.

LEIBFRIED, K.H.; MCNAIR, C.J.: Benchmarking – Von der Konkurrenz lernen, die Konkurrenz überholen. Haufe, 2. Auflage, 1996.

LEUPOLD, T.: Benchmarkorientierte Portfolio-Optimierung. Haupt, 1996.

LINNHOFF, M.: Eine Methodik für das Benchmarking von Entwicklungskooperationen. Shaker, 1996.

LUDWIG, H.: Strategisches Benchmarking international tätiger Unternehmen an Hand von publizierten Daten. Wissenschaftsverlag Vauk, 1996.

MERTINS, K. (HRSG.): Benchmarking '94: Unternehmenspotenziale bestimmen. Tagung Benchmarking '94, Berlin, 19./20. Oktober 1994.

MERTINS, K. (HRSG.): Benchmarking '95: Leistung messen und verbessern. Tagung Benchmarking '95, Berlin, 15./16. November 1995.

MERTINS, K. (HRSG.): Benchmarking '97: Erfahrungen, Hindernisse und Potenziale. Tagung Benchmarking '97, Berlin, 5./6. März 1997.

MERTINS, K. (HRSG.): Benchmarking '99: Steigerung der Wettbewerbsfähigkeit privater und öffentlicher Unternehmen. Tagung Benchmarking '99, Berlin, 21./22. Juni 1999.

MERTINS, K. (HRSG.): Benchmarking 2000: BM in der Dienstleistungswirtschaft. Tagung Benchmarking 2000, Berlin, 14.–16. Juni 2000.

MERTINS, K.; KEMPF, S.; SIEBERT, G. (HRSG.): Benchmarking-Praxis in deutschen Unternehmen, Berlin: Springer Verlag, 1995.

MEYER, J. (HRSG.): Benchmarking – Spitzenleistungen durch Lernen von den Besten. Schäffer-Poeschel, 1996.

MÜHLSTEIN, S.; SCHUMANN, A.: Benchmarking als neue Form des Betriebsvergleichs. UNIVATION, 1995.

PATTERSON, J.G.: Grundlagen des Benchmarking – Die Suche nach der besten Lösung. Ueberreuter Wirtschaftsverlag, 1996.

PIESKE, R.: Benchmarking – Das Lernen von Anderen und seinen Begrenzungen. IO Management, Nr. 63, 1994.

PIESKE, R.: Benchmarking in der Praxis – Erfolgreiches Lernen von führenden Unternehmen. Landberg am Lech: Moderne Industrie, 1995.

RAU, H.: Mit Benchmarking an die Spitze – Von den Besten lernen. Betriebswirtschaftlicher Verlag Gabler, 1996.

SABISCH, H.; TINTELNOT, C. (HRSG.): Benchmarking – Weg zu unternehmerischen Spitzenleistungen, Schäffer-Poeschel, 1997.

SABISCH, H.; TINTELNOT, C.: Integriertes Benchmarking – Für Produkte und Produktentwicklungsprozesse. Berlin: Springer, 1997.

SPENDOLINI, M.J.: The Benchmarking Book. New York: AMACOM, 1992.

WATSON, G.H.: Benchmarking – Vom Besten Lernen, Landsberg/Lech: Moderne Industrie, 1993.

Persönliche Notizen

Persönliche Notizen